版权声明

Copyright © 1989 Taylor & by the Melanie Klein Trust.

Authorized translation from the English language edition published by Routledge, a member of the Taylor & Francis Group, LLC.

All rights reserved. No part of this book may be reprinted or reproduced or utilized in any form or by any electronic, mechanical, or other means, now known or hereafter invented, including photocopying and recording, or in any information storage or retrieval system, without permission in writing from the publishers.

Copies of this book sold without a Taylor & Francis sticker on the cover are unauthorized and illegal.

本书原版由Taylor & Francis出版集团旗下Routledge出版公司出版，并经其授权翻译出版。

本书封面贴有Taylor & Francis公司防伪标签，无标签者不得销售。

保留所有权利。非经中国轻工业出版社"万千心理"书面授权，任何人不得以任何方式（包括但不限于电子、机械、手工或其他尚未被发明或应用的技术手段）复印、拍照、扫描、录音、朗读、存储、发表本书中任何部分或本书全部内容，以及其他附带的所有资料（包括但不限于光盘、音频、视频等）。中国轻工业出版社"万千心理"未授权任何机构提供源自本书内容的电子文件阅览、收听或下载服务。如有此类非法行为，查实必究。

The Oedipus Complex Today:
Clinical Implications

俄狄浦斯情结新解

临床实例

[英] 梅兰妮·克莱茵（Melanie Klein）
罗纳德·布里顿（Ronald Britton）
迈克尔·费尔德曼（Michael Feldman）
埃德娜·奥肖内西（Edna O'Shaughnessy）

著

林玉华 译　　杨方峰 审校

图书在版编目(CIP)数据

俄狄浦斯情结新解:临床实例/(英)梅兰妮·克莱茵(Melanie Klein),(英)罗纳德·布里顿(Ronald Britton)等著;林玉华译.—北京:中国轻工业出版社,2017.9(2025.7重印)

ISBN 978-7-5184-1436-9

Ⅰ.①俄… Ⅱ.①梅…②罗…③林… Ⅲ.①精神分析学派 Ⅳ.①B84-065

中国版本图书馆CIP数据核字(2017)第133370号

责任编辑:孙蔚雯　　　　　责任终审:杜文勇
文字编辑:唐　淼　　　　　责任校对:刘志颖
策划编辑:阎　兰　　　　　责任监印:吴维斌

出版发行:中国轻工业出版社(北京鲁谷东街5号,邮编:100040)

印　　刷:三河市鑫金马印装有限公司

经　　销:各地新华书店

版　　次:2025年7月第1版第4次印刷

开　　本:710×1000　1/16　印张:9

字　　数:90千字

书　　号:ISBN 978-7-5184-1436-9　定价:32.00元

读者热线:010-65181109

发行电话:010-85119832　　010-85119912

网　　址:http://www.chlip.com.cn　http://www.wqedu.com

电子信箱:1012305542@qq.com

版权所有　侵权必究

如发现图书残缺请拨打读者热线联系调换

251087Y2C104ZYW

丛书序
※
当英国精神分析遇见中国人情关系

近年来，精神分析在中国的蓬勃发展使得客体关系已然成为大家耳熟能详的词。发源于英国的客体关系精神分析，在众多流派中最为重视人际关系的背景，对于同样热衷于人际关系的中国人而言，想必最能贴近我们的心智经验。由梅兰妮·克莱茵（Melanie Klein）开创的这一学派，率先关注尚未掌握语言能力的婴幼儿与母亲之间的沟通方式。而中国人往往习惯于间接、含蓄地表达，话语中常常包含言外之意，表达的形式也重于言语所直接传达的内容，这相较于西方人在表达上的直言不讳，更像是前言语期母婴之间的沟通方式。

继弗洛伊德发现人类的动力潜意识（dynamic unconscious）之后，克莱茵与她的追随者们勇于探索人类心灵的最深处，将一些远离我们日常经验的心智运作模式呈现给世人。这样的内容难免令初学者感到费解，也增加了翻译工作的难度，给人留下一种印象：这类深度心理学著作晦涩难懂，几乎无法译成流畅的中文。记得在大约十年前，我还是一名航天专业的工科学生，偶然在图书馆翻到精神分析的书籍，便被深深地吸引。一些文字读不太懂，却总有几句触动我的心弦，于是便有了想要继续深入下去的愿望。随着对精神分析的兴趣日益浓厚，我决定收拾行囊，远赴英国，学习纯正的客体关系精神分析。在海外学习的经验让我发现，并非所有精神分析书籍都是难读的，甚至有一些英文原版的入门读物，非常通俗易懂，比相应的中文译著好读得多。在2013年的某个午后，我在伦敦塔维斯托克（Tavistock）中心的图书馆偶然看到繁体中文版的《俄狄浦斯情结新解——临床实例》一书，译文流畅、精准，顿时领略到中文阐述精神分析思想的美，也打破了"精神分析书籍难以译成流畅的中文"的印象。

再后来，读到同一系列中《内在生命——精神分析与人格发展》（*Inside Lives: Psychoanalysis and The Growth of The Personality*）、《谈话治疗——Tavistock临床中心的理念和实践方法》（*Talking Cure: Mind and Method of the Tavistock Clinic*）等著作，更加确信精神分析思想可以用生动、贴切的中文表达。林玉华教授自2000年从英国受训回来后，便开始致力于精神分析的推广，其中包括引进一系列塔维斯托克中心出版的经典著作，前文提及的几本好书便属于这一系列。2015年，在北京遇见"万千心理"的编辑阎兰，我极力把这套丛书推荐给她。于是，在阎兰编辑的努力下，其中几本的简体中文版便陆续得以问世。

安东尼·贝特曼（Anthony Bateman）等人的《当代精神分析导论——理论与实务》（*Introduction to Psychoanalysis: Contemporary Theory and Practice*）一书，将带领读者一览当代精神分析的几个主要流派，略述精神分析跨世纪以来的争议所衍生出来的几大学派在理论与实务上所强调的重点，包括古典精神分析、克莱茵学派、独立学派、当代弗洛伊德学派、人际学派、科胡特学派、拉康学派及自我心理学（林玉华，2002）。

《临床克莱茵——克莱茵学派精神分析的历史、临床理论与经典案例》（*Clinical Klein*）一书首次从临床与历史的视角对克莱茵学派的思想进行了全面的阐述。克莱茵学派的概念来源于临床治疗的工作，鲍勃·欣谢尔伍德（Bob Hinshelwood）精心地挑选了克莱茵所做的个案，介绍克莱茵如何架构其诠释，如何从病人的谈话中探测病人的心智内涵与历程，及如何借此了解病人想传达的潜意识（林玉华，2002）。

英国的塔维斯托克临床及训练中心于1920年成立，被认为是世界级精神分析取向心理治疗的训练重镇之一，以克莱茵学派为主。大卫·泰勒（David Taylor）主编的《谈话治疗——Tavistock临床中心的理念和实践方法》一书，收集塔维斯托克临床中心的临床研究与个案讨论，论证塔维斯托克模式对于心智世界的了解。例如，心智是如何形成的？在各成长阶段中，心智如何运作？"心"如何具有理性所不知的理性？谈话如何有治疗效果等（林玉华，2002）。

马戈·沃德尔（Margot Waddell）是塔维斯托克临床中心的资深儿童心理治疗师，她所撰写的《内在生命——精神分析与人格发展》，从精神分析的角度阐述人的发展历程。她由临床实例及文献，巨细靡遗地描绘了在从婴儿到老年的成长过程中，促进及妨碍心智及情绪成长的因素。沃德尔根据多年来从事精神分析的经验，以当代精神分析的克莱茵思路为主轴，深入浅出地描绘人格的发展过程（林玉华，2002）。

俄狄浦斯情结可以说是精神分析中最主要的概念之一。在弗洛伊德之后，俄狄浦斯的概念经过几番修饰，约翰·史坦纳（John Steiner）所编辑的《俄狄浦斯情结新解——临床实例》收集了克莱茵及三位克莱茵学派主要代表人物——布里顿（Britton）、费德曼（Feldman）和欧夏尼西（O'Shaughnessy）对于俄狄浦斯的解释。克莱茵以她的个案，10岁的李察及2岁零9个月的丽塔为例，描绘俄狄浦斯情结如何通过游戏呈现。其他三位作者则以他们自己的案例，描述当代精神分析对于俄狄浦斯的了解如何由克莱茵的主要概念衍生而来（林玉华，2002）。

1948年，艾斯特·比克（Esther Bick）在塔维斯托克临床中心开始以"婴儿观察"作为儿童心理治疗师的养成训练课程之一。1960年，伦敦的精神分析学院（Institute of Psycho-Analysis）跟进，"婴儿观察"成为受训精神分析师的必修课程之一。目前许多欧洲国家、加拿大、美国、南美、非洲、澳洲及亚洲的许多精神分析训练学院，也将此作为精神分析训练的先修课程。《婴儿观察——Tavistock临床中心解读人类的非言语沟通》（*Closely Observed Infants*）一书的作者皆为塔维斯托克中心的教师，他们以案例描述精神分析师或心理治疗师，如何通过观察婴儿学习早期的情绪发展及其内在世界的形成过程，了解婴儿与家人最原始的情绪互动，并观察自己在观察婴儿与家人互动的过程中的情绪反应（林玉华，2002）。

赫伯特·罗森菲尔德（Herbert Rosenfeld）在《僵局与诠释——精神病、边缘型人格及精神官能症的精神分析治疗》（*Impasse and Interpretation: Therapeutic and Anti-Therapeutic Factors in the Psychoanalytic Treatment of Psychotic, Borderline and Neurotic Patients*）一书中，以鲜活的案例，有力地呈现精神分析对于精神病的治疗效果。他由临床案例解释在诊疗室中的"治疗"及"反治疗"因素，并以案例周详而细致地描绘如何借由了解自恋状态及投射认同，避免治疗僵局的发生。作者认为，能与病人最病态的部分接触，是治疗成功的要素（林玉华，2002）。

《理解创伤》（*Understanding trauma*）一书描绘创伤事件对于幸存者情绪及生活的影响，常常是持久而不被觉知的。作者们以理论及临床案例，描绘如何从精神分析的角度了解创伤事件对于每位当事者的意义，及帮助当事者寻回生活的意义的治疗过程。本书介绍多种不同的干预方式，如短期个体咨询、团体治疗及个体分析等（林玉华，2002）。

林玉华教授建议将简体中文版系列命名为"英国精神分析系列丛书"，有意避开"客体关系"这一术语，因为流传到美国的客体关系与英国本土的客体关系已经大为不同。正在流向中国，碰触到中国文化的英国精神分析，又将呈现什么样的面貌？

精神分析的学习是一个漫长的过程，分析师需要在长年累月的个人分析（精神分析的频率一般为每周四五次）与督导中慢慢积淀。翻译精神分析著作亦是如此，需要建立在对原著有一定体悟的基础上。放眼当今中国，在追求经济发展的大环境下，精神分析似乎也成了一种快速生活，即快速出书、快速认证、快速见效、快速赚钱……这似乎违背了精神分析追求慢生活的本质与精髓。对此，客体关系视角的理解可以是：当人们没有遇到足够好的客体时，难以维持在抑郁位置（depressive position），相应地，象征形成（symbol formation）的能力也会不足，即人与人的关系联结无法较多地依靠互相了解、看见与被看见的形式来维系［比昂的"K连接（K link）"］，而不得不过度仰赖具体、有形或不变的事物，如：共同拥有的孩子与房产；学历、学位、职称等外在的名头；金钱、礼物等可以互换的现实利益。

在伦敦学习的经历让我有幸结识林玉华、樊雪梅、魏秀年等前辈，她们对于精神分析的热爱与天赋，对于学习方法与分析设置的坚守，着实令我感动。她们作为主要译者参与了这套"英国精神分析系列丛书"的翻译，参与翻译的还有许多兼具专业资质和语言功底的译者，在此不一一列出。最后，我衷心希望"万千心理"出版的这套经典丛书的简体中文版，可以让广大读者近距离感受英国精神分析的理念和实践方法。

杨方峰
2017.01

译者序
希腊神话的新旧版本

弗洛伊德通过自我分析及其临床经验，发现希腊神话俄狄浦斯王的故事在自己跟病人身上不断重演，尔后肯定了俄狄浦斯情结的普遍性。虽然他从未系统地阐释此情结，但是却强调它跟人类的焦虑、内在冲突以及所采用的防御系统息息相关。弗洛伊德以后陆续衍生的精神分析各学派，尽管对于心智世界的解释众说纷纭，俄狄浦斯情结作为心灵冲突的主要来源，在古典精神分析各学派中，仍是个不争的事实。

克莱茵及其学派的临床学者们，持续思考并扩展弗洛伊德所引进的俄狄浦斯情结之论点，强调它与个体是否接受父母为配偶关系有关。克莱茵学派的追随者，比昂（Bion）进一步将之与"学习"以及"知识的获得"做联结。比昂认为俄狄浦斯好奇（curiosity）与忌妒（jealous），使孩童因为想介入父母亲的关系，而感到极度焦虑。这焦虑使孩童，由于害怕知道事实真相，而无法获得真知识。

本书四位作者，通过临床案例阐释俄狄浦斯情结的起源如何跟孩童对于父母配对的幻想有关。孩童通过投射其"性幻想"以及"口腔、肛门施虐幻想"，而视父母亲在性爱中的结合为暴力式的"阉割威胁"。当孩童的施虐幻想减缓时，随之而来的"修复冲动"，使孩童渴望活化父母配偶关系，并承认他们的性关系具有创生意义。当孩童能区分并接受性别以及代与代间的不同时，俄狄浦斯冲突才得以纾缓。

弗洛伊德在其著作中隐约论及"修通"之不可能，由此推论，俄狄浦斯的完成也可能只是神话，为此我们仅能在相关脉络之下谈俄狄浦斯情结的荣枯盛衰。克莱茵以两个发展中的位置（positions）描绘心理发展的历程，一为"偏执分裂位置（paranoid-schizoid position）"，另一为"抑郁位置（depressive positions）*"。根据克莱茵的观点，人类的发展不是阶段性（stages）的；"时期（phases）"也不足以妥当描述人类的发展历程。她认为人一辈子都在两个彼此重叠及流动的位置之间游走。俄狄浦斯情结在生命发展中的起起伏伏，也使个体在此两个"位置"之间摆荡。

林玉华

2016.12.10

---

* 克莱茵刻意以"positions"来描述两个流动的心智状态（fluid mental states），以此区分它与"发展阶段（stages）"或"发展时期（phases）"的差异。译者以"位置"这一用词，希望能够表达可以移位的流动感。——译者注

序

英国伦敦大学精神分析学院的桑德勒（Sandler）教授及露丝·里森伯格－马尔科姆（Ruth Riesenberg-Malcolm）夫人受梅兰妮·克莱茵基金会之委托，于1987年9月举行了梅兰妮·克莱茵研讨会，其主题为俄狄浦斯情结，这场研讨会已经成功而圆满地结束。研讨会中所报告的三篇论文被认为相当完整地呈现了当代克莱茵观点下的俄狄浦斯情结，因此基金会决定出版这三篇论文。

为了便于了解这些新观念的脉络，我们决定于本书中重新刊登克莱茵于1945年所发表的论文"由早期焦虑讨论俄狄浦斯情结（The Oedipus Complex in The Light of Early Anxieties）"。此外，汉娜·西格尔医生也在其导论中，尝试将克莱茵的论文跟这些当代著作做联结。她也指出了一些后克莱茵学派的代表作，特别是比昂（Bion）的著作。

约翰·史坦纳（John Steiner）
英国精神分析协会训练分析师

作者简介

罗纳德·布里顿医生（Dr. Ronald Britton）*是英国精神分析协会训练分析师（training analyst），出生于英国北部，在兰卡斯特（Lancaster）的皇家文理学院（Royal Grammar School）接受教育。他在伦敦大学完成医学教育。在从事精神分析之前，他是成人及儿童精神科医师。1970年间，他曾经担任塔维斯托克临床中心"儿童与亲子部门"主任，当时他的主要兴趣在于治疗极度匮乏和受虐的儿童并督导其后续安置问题。

迈克尔·费德曼医生（Dr. Michael Feldman）在伦敦大学主修心理学，于伦敦大学附属医院取得医师执照。之后在莫兹利医院接受精神科专科医师的训练，同时兼任督导级心理治疗师（consultant psychotherapist），亦是当时心理治疗部门的主任。此后，他于私人诊所从事精神分析的工作，是英国精神分析协会的训练分析师。

艾德娜·欧夏尼西夫人（Mrs. Edna O'Shaughnessy）在金山大学（Witwatersrand University）和牛津大学攻读哲学，尔后在塔维斯托克临床中心接受儿童心理治疗师的训练，曾在伦敦大学教育学院儿童发展学系工作许多年。目前她是英国精神分析协会的训练分析师，也是私人执业分析师，专长于儿童与成人精神分析。

---

* 布里顿医师于 2002—2004 年任英国精神分析协会主席。——译者注

汉娜·西格尔医生（Dr. Hanna Segal）曾经先后担任国际精神分析学会副主席、英国精神分析协会主席，以及教育委员会的主任和秘书，也是伦敦大学弗洛伊德纪念基金会的客座教授。她是克莱茵著作的主要代言人，撰写了许多文章以及两本专业著作：《梅兰妮·克莱茵著作导论》（*An Introduction to the Work of Melanie Klein*）以及《梅兰妮·克莱茵——当代大师系列》（*Melanie Klein in the Modern Master Series*）（Fontana, 1979）。她也发表了许多原创思考的文章，这些文章皆收录在她的第三本书——《汉娜·西格尔文集》（*The Work of Hanna Segal*）中（Jason Aronson, 1986）。

目　录

导读 ………………………………………………………………… 1

第一章　由早期焦虑讨论俄狄浦斯情结 …………………………… 9
　　简介 ……………………………………………………………… 9
　　男孩俄狄浦斯发展的案例摘录 ………………………………… 10
　　女孩俄狄浦斯发展的案例摘录 ………………………………… 37
　　理论总结 ………………………………………………………… 47
　　结语 ……………………………………………………………… 61
　　参考文献 ………………………………………………………… 61

第二章　缺失的联结：俄狄浦斯情结中父母的性 ………………… 63
　　呈现原始俄狄浦斯情境困难的患者 …………………………… 67
　　俄狄浦斯幻觉 …………………………………………………… 72
　　总结 ……………………………………………………………… 76
　　参考文献 ………………………………………………………… 77

第三章　显现于内在世界和治疗情境中的俄狄浦斯情结 ………… 79
　　讨论 ……………………………………………………………… 95
　　参考文献 ………………………………………………………… 97

第四章　遁形的俄狄浦斯情结 ……………………………………… 99
　　总结 ……………………………………………………………… 116
　　参考文献 ………………………………………………………… 117

专业术语表 ………………………………………………………… 119

导　读

汉娜·西格尔

弗洛伊德所提出的俄狄浦斯情结，向来被认为是人类心灵最主要冲突（包括冲动、幻想、焦虑和防御）的核心，因此也是精神分析工作最核心的主题。有些人依然误解克莱茵的临床概念只专注于婴儿跟乳房的关系，而不注重父亲的角色以及俄狄浦斯情结。事实上，能理解克莱茵著作的人都清楚克莱茵最早期的发现之一是早期超我的形成，以及在性器期之前就出现的俄狄浦斯情结。她发现了俄狄浦斯情结的原始形式（primitive forms），并发现前性器期不能跟前俄狄浦斯期画上等号。她认为父亲——真实的父亲以及幻想中的父亲——从孩童生命的初始即占据着非常重要的地位。她一开始分析孩童就非常惊讶地发现，刚满2岁的孩童，已呈现出俄狄浦斯幻想以及与之有关的强烈焦虑。孩童由于俄狄浦斯幻想，而对于原始迫害者感到害怕（这原始迫害者可能是母亲、父亲或者是结合起来的父母亲），这害怕是造成孩子恐惧焦虑的核心，例如梦魇与怕黑等。由于婴儿期性特质和施虐特质的投射，婴儿将这些幻想中的人物感知为具有口腔、尿道和肛门等施虐特质，并且带有阉割式的威胁。这些幻想跟孩童的性心理发展阶段吻合。克莱茵认为在性爱中结合起来的父母是造成孩童精神病式焦虑的主要因素。此幻想中的人物有一部分来自孩童对于父母性交的否认，导致孩童需要父母结合成一个怪物。这些幻想同时也是孩童对于父母性交的敌意的投射，孩童将此幻想中的人物变成了具威胁性的人物。

克莱茵认为俄狄浦斯情结在生命的第一年就已经开始，它基本上受到孩童跟乳房关系的影响。婴儿在乳房上的受挫（特别是在断奶时期所经验到的挫折），使她转向父亲的阴茎，并同时意识到三角情境的存在。在她早期的著作中，克莱茵提到这个阶段是施虐特质最强烈的阶段：哺乳经验的挫折激起了俄狄浦斯情境。克莱茵强调俄狄浦斯情结是在"恨"（而非欲望和爱）的驱使之下产生的。在分析孩童的工作中 [参见"儿童精神分析（The Psychoanalysis of Children）"（1932）以及许多关于分析儿童与成人的论文] 克莱茵持续发展并扩展她对于俄狄浦斯情结的观点。1928年她写了一篇与这个主题有关的文章"俄狄浦斯冲突的早期阶段（Early stages of the Oedipus conflict）"。

在提出抑郁位置这个观念时，她对于俄狄浦斯情结的一些主要方面已经有了不同的看法。她将俄狄浦斯情结和抑郁位置做联结。处在这种位置中的婴儿渐渐将母亲视为一个完整的人，并与之建立关系。母亲在婴儿眼中是一个独立的人，不再受制于婴儿，有她自己的生命。认识到母亲拥有独立的生命，意味着承认她与父亲的关系，以及该关系隐含的所有感觉，包括被排除在外、嫉羡和忌妒的感觉。

在抑郁位置中，偏执焦虑降低，婴儿也比较能整合爱与关怀，同时能够超越恨。克莱茵渐渐理解到俄狄浦斯情结的起始跟施虐高峰无关，相反地，它却跟施虐的减弱有关。意识到对于父母的爱恨交织，以及面对父母亲彼此之间的关系，使孩童有了防御，其中包括退化到使用分裂，并且以偏执焦虑作为对抗罪疚感的防御。然而这也带来了修复冲动，其目的不只在于重新活化乳房及母亲，而且同时活化一对好的父母配偶以及一个好的完整的家庭。

在她1945年的文章"由早期焦虑看俄狄浦斯情结"（我们重新收录于本书的第一章）中，克莱茵很清楚地解释其观点的改变，并清楚地呈现哪些观点有异于弗洛伊德。这是她对于这个主题所写的最后一篇文章，纵使她在之后的文章中几乎都提到了俄狄浦斯情结。例如，她曾经写道：

> 婴儿能同时享受跟父母亲的关系（这是婴儿心智生活中一个很重要的特点，并且和因忌妒和焦虑而想要分开他们的欲望相冲突），有赖于婴儿能够将父母亲视为两个不同个体的能力。跟父母亲的关系越整合（这与婴儿满脑子想隔离父母亲，使他们无法有性关系截然不同），意味着婴儿已经更了解父母亲之间的关系，这给婴儿一个希望，亦即她能愉快地让父母亲手牵手，并且将他们联结起来。（Klein，1952）

"抑郁位置"的启动，及其连带在心智结构中所引发的一连串改变及其细节是非常庞大的。它们包含了：发现爱恨是可以并存的、出现失落感和罪疚感、区分内在与外在现实、形成象征能力等等。抑郁位置所带来的不仅是客体关系本质的改变，而且是整个心智功能的重要转变。

克莱茵1945年的文章写于她的重要文章"一些有关分裂机制的笔记（Notes on some schizoid mechanisms）"（Klein，1946）之前，在这篇文章中，她详述了"偏执分裂位置"。她从未完整地说明这项新发现对于完善俄狄浦斯情结理论有何启示，可她却一再重复提及这种原始的结构对于俄狄浦斯情境的重要性。例如在《嫉羡与感恩》（*Envy and Gratitude*）一书中，她强调倘若是嫉羡而非忌妒主导俄狄浦斯情结，则会带来灾难式的后果（Klein，1957）。

本书其他三章的内容皆源于克莱茵所提出的一些主要概念，例如：抑郁位置与俄狄浦斯情结之间的关联、逐渐接受父母亲为配偶关系并承认其性关系是具有创生（genital creative）意义的、区分性别以及代与代之间的不同。

克莱茵经常强调孩童需要能跟乳房及母亲建立起一个好的关系，才能容忍俄狄浦斯焦虑，并跨越此焦虑。她的许多著作都建立在这个概念的基础上。她对于"偏执分裂位置"中"投射—认同"所扮演角色的发现，早已经被人研究并发展；它帮助我们更仔细地了解早期的心理病理，特别是病态形式的投射—认同。本书其他三位作者皆引用比昂（Bion）的"涵容者及被涵容"等概念，强调它是觉知父母亲或体验父母关系的原型（Bion，1962，1963）。

比昂将克莱茵的投射—认同概念延伸，进而加入了原始心智沟通与互动。婴儿将他自身的焦虑以及一些未充分发展的原始元素[贝塔元素（beta elements）]投射到乳房。一位能够涵容投射—认同的母亲会在潜意识中处理这些投射，并且以恰当的方式回应婴儿的需求。当事情如此发生时，婴儿得以重新内摄进去这种经由了解而被修饰过的自我投射，同时也得以内摄进去一个可以涵容并且足以面对焦虑的乳房，这就是所谓的涵容者，也是婴儿拥有面对焦虑能力的基础。通过了解而产生的修改作用，将贝塔元素转化为阿尔法元素（alpha elements），意即转化为较高层次的心智功能。根据比昂的理论，涵容者与被涵容者之间的良好关系是晚期象征能力以及思考能力的基础。可是，当这段关系因为母亲不恰当的反应或因婴儿的嫉羡，而被严重干扰时（常常是两者同时干扰），则会构成晚期精神疾病的成因。

本书后三章主要在谈论：俄狄浦斯情结的早期形式，联合的父母人物*、投射—认同的影响、早期精神病式的俄狄浦斯情结的影响，这些现象或是来自退化式的防御，或者因前俄狄浦斯期的精神病性运作过程，使恰当的俄狄浦斯情境无法出现。涵容者与被涵容者之间的不良关系，严重地影响俄狄浦斯情结的发生。比昂（1970）认为如果涵容者和被涵容者之间能建立好的关系，便能使两个客体以让三方都获利的方式共享第三者。反之，一个不好的（寄生）关系则会"制造一个令三方皆受伤害的第三者"。

---

* 英文表述为 combined parental figure、combined parents 或 combined figure，联合的父母人物是一种关于俄狄浦斯情结的最原始的幻想形式，父母或他们的性器官永久地处于性交状态中，是极为残忍的攻击者，其表现形式可以是"母亲的体内含有父亲的阴茎"。——译者注

根据我的看法，为了跟乳房保持一种可被容受的关系，婴儿分裂了乳房和他自己里面可恶的部分，并且制造另一个可恶的第三者；父亲的阴茎则理所当然地成了这种投射的接纳者。在本书后三章中所提到的诸多案例，他们的幻想生活皆被一位如此可恶的人物所掌控，因这位可恶人物的入侵，病人觉得自己和母亲之间的关系就要大起风波。病人也都使用了分裂机制。在第一章中，梅兰妮·克莱茵描述了理查对乳房的早期分裂是如何左右他的俄狄浦斯情结。他将理想化的乳房—母亲与可恶的父亲分裂了，同时也将之与"涵容父亲的坏母亲"分裂了。然而这些分裂与投射比较像是退化到一个相对正常的偏执分裂位置，并非如布里顿和费德曼医生以及欧夏尼西夫人所提到的那些困扰比较严重的病患。欧夏尼西夫人描述了一种特殊的分裂，她称之为"撕裂（fracturing）"父母配偶关系。这种分裂直接攻击父母异性关系的创生能力，配偶被撕裂、分离，或者被劈成两半的性交物体：一个是施虐的阳具，另一个则是被弱化的受虐女性。两者皆让病人在幻想中感到随时准备好在同性恋的联盟中对抗另一个。这是另一种形式的分裂，和克莱茵的个案理查比较起来，它充斥着更残暴的素材。

克莱茵后的三位作者皆异口同声（特别是费德曼医生所描绘的案例）地认为病人对于父母关系本质的幻想，不仅影响其客体关系质量以及焦虑和防御的本质，甚至严重地影响了他的思考模式。费德曼医师明确指出在这些幻想中，父母配偶关系的共处模式（例如他们是充满活力地、快乐地共处，或是具杀伤力地共处），决定孩童心智中思绪的联结方式。"思考"（不可避免地）指的是做联结，包括跟父母亲之间的联结。这样的联结对于一个早期俄狄浦斯情境受干扰的病患而言，是无法被容忍的。这种现象在布里顿医生的病患身上再次被清楚地描绘。这位病患将分析师的思考诠释为父母亲之间的性交，因此大叫："停止那烦人的思考！"

梅兰妮·克莱茵开始分析儿童时就提到了"求知驱力（epistimophilic

drives）"。她认为这是一股想要探索母亲身体的原始欲望。她亦将学习障碍跟对母亲身体的偏执焦虑做联结。而本书后三位作者也都强调"求知驱力"跟"发现父母交媾"两者之间的联结。

布里顿医生很有趣地将抑郁位置中的俄狄浦斯三角，定义为是一种在三角界线里面的特殊心智空间（mental space）。在这心智空间里，孩童得以分别和父母亲建立关系，同时接受父母是配偶关系的事实，而他自己则是一位旁观者（这与父母结合体这一原始关系不同）。这种心智空间的存在是使心智能自由运作的基础。根据布里顿的说法，这种心智空间是比昂所描述的涵容者与被涵容者原始关系的延伸。确实，涵容者与被涵容者的原初关系是后期发展出"阴茎和阴道关系"概念的基础。尽管如此，它们之间有一项很重要的相异之处。在原初情境中，孩童是一位参与者，也是关系中的受益者。认识到父母配偶关系的存在，使得孩童必须面对一个事实，即在一段好的包容与被包容的关系中，他是被排除的。它也逼迫孩童要面对分离的事实：分离本来就是修通抑郁位置的一环。他也必须认识父母之间的联结，和父母跟孩童之间的联结是不一样的，且父母之间的联结竟然跟他毫无关联。这是比昂概念的一种有趣的延伸，同时也提供了一个崭新的观念。简言之，它说明了在抑郁位置中，心智功能的一项重大改变。

在此，我想对布里顿医生的观点做一点小补充。婴儿跟双亲的关系，和父母彼此之间关系的主要不同，不在于父母彼此之间所给予的性满足，我认为其中更具关键性的是父母的性关系会造成另一个小婴儿的诞生。在幻想中，甚至在现实中，孩童总是认为不可能有新弟妹会出现。当我思考布里顿医生所提出的三角空间（在此空间中，孩子和父母可以产生联结）时，我想这个空间隐含着一个涵容新婴儿的房间。如果妈妈肚子里又有了新婴儿，例如欧夏尼西夫人的小病人案例中的情况，此时尚未完整建立起（容纳新宝贝的）空间，而且小婴儿仍然强烈幻想着回到妈妈肚子里面，这时很容易诱发精神病问题。

所有章节皆以克莱茵所提出的主要概念为基础，但是也都呈现出对这些基本概念的延伸与发展，例如，虽然克莱茵提出了俄狄浦斯情结的原初和精神病性形式，后三章呈现出了，在临床上他们对于克莱茵所提出的早期现象的深入研究。他们也指出对于这些素材的进一步理解，即这些早期运作过程与幻想对于心智功能的影响，特别是对知觉以及思考上的影响。所有的章节皆指出这些都与思考的扭曲有关。

后三章也同时提及了分析技巧，这是在克莱茵之后最显著的发展之一。他们关注的是在分析情境中，所引发的一些原始的行动化。他们也描绘了治疗师如何感受到压力，被迫去扮演原始俄狄浦斯戏剧中的角色，以及分析师自己的思考如何受到干扰。就精神分析而言，理论和实务总是有着紧密的关联。临床技术所面临的挑战，可以帮助分析师修饰并重新确认他的理论架构。这也是精神分析的理论逐渐得到扩展的方式。我认为本书章节已经具体呈现出弗洛伊德和克莱茵的概念如何持续地焕发生命力与不断发展。

参 考 文 献

Bion, W. R. (1962). *Learning from Experience*. London: Heine-mann. [Reprinted London: Karnac Books, Maresfield Library, 1984.]

___ (1963). *Elements of Psycho-analysis*. London: Heinemann. [Reprinted London: Karnac Books, Maresfield Library, 1984.]

___ (1970). *Attention and Interpretation*. London: Tavistock. [Reprinted London: Karnac Books, Maresfield Library, 1984.]

Klein, M. (1928). Early stages of the Oedipus conflict. *Int. J. Psycho-Anal.,* 9, 167–180. [Reprinted in *The Writings of Melanie Klein, 1* (pp.186–198). London: Hogarth Press, 1975.]

___ (1932). *The Psychoanalysis of Children*. [Reprinted in *The Writings of Melanie Klein, 2*. London: Hogarth Press, 1975.]

___ (1935). A contribution to the psychogenesis of manic-depressive states. *Int. J. Psycho-Anal.,* 16, 145–174. [Reprinted in *The Writings of*

Melanie Klein, 1 (pp.262–289). London: Hogarth Press, 1975.]

―――― (1946). Notes on some schizoid mechanisms. *Int. J. Psycho-Anal., 27*, 99–110. [Reprinted in *The Writings of Melanie Klein, 3* (pp.1–24). London: Hogarth Press, 1975.]

―――― (1952). Some theoretical conclusions regarding the emotional life of the infant. In *Developments in Psychoanalysis,* with Heimann, Isaacs & Riviere. [Reprinted in *The Writings of Melanie Klein, 3* (pp.61–93). London: Hogarth Press, 1975.]

―――― (1957). *Envy and Gratitude.* London: Tavistock. [Reprinted in *The Writings of Melanie Klein, 3* (pp.176–235). London: Hogarth Press, 1975.]

第一章

由早期焦虑讨论俄狄浦斯情结（1945）

梅兰妮·克莱茵

简　介

　　这篇论文有两个主要目标，第一，我试图指出一些典型的早期焦虑情境，并显示它们与俄狄浦斯情结的关系。我认为这些焦虑与防御机制，都是婴儿期"抑郁位置（depressive position）"的部分，因此我希望能借此厘清抑郁位置与原欲发展（libidinal development）的关联。第二，我试图将我对于俄狄浦斯情结的结论，与弗洛伊德对相同主题的论点做一个比较。

　　我会以两个案例的节录来呈现我的观点。本来我还可以引用更多的分析素材、病人的家庭关系，以及我所使用的分析技巧的细节，但我将限定在与本主题最相关的一些分析素材的细节。

　　我用两个儿童的例子来描绘我的观点，他们皆有严重的情绪困扰。我以这些素材为基础，使用在精神分析中已得到充分试用的方法，提出了有关俄狄浦斯情结正常发展的结论。弗洛伊德在他的许多著作中，已证实这种思路的正当性，例如在一个论述中，他说："病理学通过'孤立的'与'夸大的'（案例），帮助我们辨识一些在正常状态下被隐藏起来的情境。(*S.E.*22*, p.121)"

男孩俄狄浦斯发展的案例摘录

我用来描绘男孩俄狄浦斯发展的素材,取自我对一位10岁男孩的分析。他的症状已经严重到使他无法继续上学,因此他的父母亲觉得必须为他寻求帮助。他非常害怕小孩子,这使他越来越惧怕单独外出。而且,他的学科能力和兴趣在几年的时间内,越来越受到抑制,让他父母亲极度担忧。除了这些让他无法继续上学的症状之外,他也会过度担心自己的健康,且经常陷入抑郁情绪。这些困扰显示在他的外貌上,他看起来非常担忧及不快乐。但有时,他的抑郁又会突然消失,变得神采奕奕,他的表情也会完全改变。在分析过程中,这个改变尤其明显。

李察在许多方面是一位早熟而有天分的小孩。他从小就很有音乐天分,热爱大自然,但只喜欢大自然中令人愉快的部分。他所使用的词,以及充满戏剧性、生动活泼的对话,都呈现出他的艺术天分。他和其他小孩无法相处,但和大人,尤其是女人,相处时却很自在。他尝试通过他的对话天分讨好她们,并以一种相当早熟的方式迎合她们。

李察喝奶期很短且很不被满足。他小时候体弱多病,从婴儿期开始就经常感冒生病。在3—6岁他被开了两次刀(割包皮及扁桃体腺切除)。他的家人过着朴实的生活,生活情境还算舒适,不过家里的气氛并不愉快——父母亲之间缺乏温情,且没有共同的兴趣,虽然没有明显的争执。李察是老幺,他哥哥大他几岁。他母亲虽然没有临床上的症状,却有一点抑郁。她对于李察的任何疾病都非常担忧。这种态度显然对李察的"疑病焦虑(hypochondriacal fear)"有影响。她和李察的关系并不好。李察的哥哥在学校的表现十分良好,独享了母亲大部分的爱,而李

---

* S.E. 指的是弗洛伊德文集英文标准版,S.E.22 即指弗洛伊德文集英文标准版第 22 卷。后文中出现的 S.E. 加数字的形式,以此类推。——译者注

察却让母亲很失望。虽然他深爱着她，却是一个非常难照顾的小孩。他没有任何兴趣或嗜好，因此经常无事可做。他过度焦虑，且对母亲过度依恋，他会一直黏着母亲，使她疲惫不堪。

李察的母亲非常呵护他，甚至有点过度纵容，但她却看不到李察一些比较细微的特质，例如与生俱来的爱与善良，也看不到李察其实非常爱她。母亲对于李察的未来非常没信心，但同时又对他非常有耐心，例如她不会企图劝他多交朋友或强迫他去上学。

李察的父亲非常喜欢他，也对他很好，但似乎把小孩的教养责任全交给了母亲。分析显示，李察觉得父亲对他太过宽容，在家里也太没有权威。哥哥大致对他非常友善而有耐心，但这两兄弟几乎没有共同点。

战争的爆发使李察的适应困难更严重了。为了继续他的分析，他跟着母亲一起疏散到我当时居住的小镇，他哥哥则跟着学校被送到别的地方。离家让李察非常难过，战争更激发了他所有的焦虑。他特别害怕空袭跟炸弹，他很密切地留意战争新闻，且十分关注战情变化。这样的执着在分析历程中一再出现。

纵然李察的家境非常拮据，而李察的早年生活也出现严重问题，但根据我的看法，这些情境并不足以解释其病因。就像其他案例一样，我们必须考虑孩子的天生特质与环境因素所导致的内在历程（internal process），以及这些内在历程与内外在因素的交互作用。只是我无法在此详细处理这些因素的交互作用，我仅将重点放在某些早期焦虑对于性器发展的影响。

分析地点在离伦敦市区有一段距离的小镇，一栋屋主暂时空出的屋子里。屋内的摆设与我习惯的游戏室摆设方式有些差异，因为我无法将一些书籍、图画和地图等移除。李察与这间房间及这座房子有了一种特殊的、近乎亲密的关系。例如他经常会以非常感性的口吻谈它，并和它说话，会在一个小时的分析结束时跟房子道别，有时还会仔细地排列家具，将它们排列成他认为会让这房间"高兴"的样子。

分析过程中李察画了一系列的图画*。他最早画的图画之一是一只海星盘桓在一株水底植物旁，他解释说，那是一个很饿的婴儿，想吃掉那株植物。在一两天之后，他画的是一只比海星还大、有人脸的章鱼。这只章鱼代表的是他父亲以及他父亲危险的阴茎，后来在其潜意识中，他将这危险的阴茎等同于我们会在稍后的素材中看到的"怪兽"。海星的样子很快就变成由许多不同色块所组成的图画。在这类图画中，有四个主要的颜色：黑色、蓝色、紫色及红色，分别象征他父亲、母亲、哥哥和他自己。在他最早使用这四种颜色作画时，他首先介绍黑色及红色出场，伴随着一些声音，他让这两支色笔走向画纸，他解释说，黑色是他父亲，并模仿行军进行曲的样子让色笔走动；其次出场的是红色，李察说，那是他自己，并哼着快乐的小调；接着，他让另一支色笔出场，当在涂蓝色部分时，他说，那是他母亲，在填紫色部分时，他说他哥哥对他很好，正在帮助他。

这幅图画代表的是一个帝国，不同的部分代表不同的国家。他对于战事的兴趣，是他联想中很重要的部分。他经常会看地图上已经被希特勒占领的国家。地图上的这些国家跟他所画的帝国之间有很明显的关系。画中的帝国代表他母亲，是被侵略和攻击的对象。他父亲通常以敌人的姿态出现，李察和他哥哥在他画中则扮演不同的角色，有时候是母亲的盟友，有时又是父亲的同盟。

这些图画表面上看起来很类似，但在细节上非常不一样。事实上，他从未画过两张一模一样的图画。他画这些图画的方式十分特别。他开始时从未刻意要画什么，而且经常会对他所完成的作品感到惊讶。

他会使用各式各样的游戏素材，例如他用来画画的铅笔及蜡笔，会在游戏中被当成人物。此外他也会从家里带来自己的玩具船，其中的两艘船总是代表着他父母亲，其他的船舰则分别代表不同的角色。

---

* 以下图画是由原始图画复制并缩小，原始图画是用铅笔描绘，以蜡笔着色。在本书中，我尽可能以不同的花纹代表不同的颜色。图3的潜水艇应该是黑色，旗帜是红色，鱼跟海星皆是黄色。

为了解说的目的，我将仅选取一些素材来做说明。而主要素材来自六个分析的时段。在这些分析时段中，由于外在情境的关系（我后来会详加说明），有些焦虑被短暂地强化了。这些焦虑通过诠释被减弱了，这个结果也帮助我们了解早期焦虑对于性器期发展的影响。这些改变仅仅是迈向更完整、更稳固的性器期的一小步，可以从李察的早期分析预料得到。

我仅撷取一些与我欲探讨的主题有关的素材，作为诠释。我会清楚地呈现，哪些诠释来自病人自己。除了我为病人做的诠释之外，本报告还包括一些经由分析素材得出的结论。我并未尝试清楚区分这两类，因为坚持这类区分，会造成许多的重复，并模糊我想探讨的主要问题。

阻碍俄狄浦斯发展的早期焦虑

我择取一个在放假10天之后的分析摘要作为讨论起点。放假前分析已经进行了6周。在放假期间我人在伦敦，李察则去他处度假。他未曾遇过空袭，但他视伦敦为空袭最危险的地方，因此对他而言，我去伦敦表示走向摧毁和死亡。这更强化了分析中断所引起的焦虑。

我放假回来之后发现李察变得非常担忧和沮丧。在放假后的第一次会谈中，他几乎不正眼看我。他或是头也不抬、僵硬地坐在椅子上，或是烦躁地进出隔壁的厨房及花园。尽管他有明显的抗拒，但还是问了一些问题：我是否看到了伦敦很多'被轰炸'的地方？当我在那儿时遇到空袭了吗？伦敦有暴风雨吗？

他告诉我的第一件事是，他讨厌回到我们分析的这个小镇，并说这个小镇是"猪圈""恶梦"。然后他很快地跑到花园里，在那儿他似乎比较能自在地四处观看，他看到了一些毒蘑菇，指给我看，颤抖地说它们有毒。回到房间时，他指着书架上的一本书，并特别指给我看书上的一张图画，画中是一个矮小的男人在对抗一只"可怕的怪兽"。

放假回来后的第二天，李察很抗拒地告诉我，当我离开时，他和母亲之间的一段对话。他告诉母亲他非常担心有一天他会生小孩，并问母亲那样会不会很痛？母亲则向他解释（这已经不是第一次）在生小孩的过程中男人所扮演的角色。在这解释之后，李察说，他不喜欢将自己的性器放进别人的性器里面，那会让他很害怕，他对于这整件事，显得非常焦虑、担心。

在我的诠释中，我将他的害怕跟"猪圈"小镇联系起来。我说"猪圈"小镇在他的心中，代表我的"里面（inside）"及他母亲的"里面"，而这些"里面"由于暴风雨和希特勒的炸弹而变坏了。暴风雨和炸弹代表"坏"父亲的阴茎进入母亲身体里面，让那里变成一个被威胁及充满危险的地方。我不在家时，在花园里长大的毒蘑菇，以及小人（代表他自己）所对抗的怪兽，都象征他母亲身体里面的"坏"阴茎。他幻想母亲里面包含着父亲具有伤害力的阴茎，这一幻想是导致他害怕性交的部分原因。这项焦虑因为我去伦敦而被激发出来并且被强化了，他自己对于父母亲之间性关系的攻击幻想，也大幅增强他的焦虑及罪疚感。

李察对于"坏"父亲的阴茎放进母亲身体里面的恐惧，与他对于小孩的惧怕有很密切的关联。这两者都跟他幻想母亲的"里面（inside）"是一个危险的地方有关。因为他觉得他已经攻击并伤害了他想象中母亲肚子里面的小婴儿，这些婴儿变成了他的敌人。许多这类焦虑被转移到外在世界的其他小孩身上。

在这六个小时的分析中，李察用他的舰队所做的第一件事是，用他起名为"吸血鬼"的驱逐舰去撞一艘代表他母亲，称之为"罗尼（Rodney）"的战舰。当这两艘舰船相撞时，李察立刻变得很阻抗，并重新排列舰队。当我问"吸血鬼"代表谁时，虽然他有点不情愿，但还是勉强地回答是他自己。这些突如其来的阻抗，也是中断其游戏的因素，帮助我们看到他对于母亲性器欲望的压抑。在之前的分析中，两艘船相撞，就一再象征性交。他对于在性交过程中的摧毁性的害怕，是造成压抑性器欲望的主要原因之一，就如"吸血鬼"这个名字所暗示的，他认为性交有口腔施虐（oral sadistic）的特质。

我将以第一张图说明李察在此分析阶段的焦虑情形。我们已经知晓在他所画的图画中，红色总是代表李察本人，黑色代表他父亲，紫色是他哥哥，浅蓝色则是他母亲。

有次在涂红色部分时，李察说："这些是俄国人。"虽然俄国人已经是英国人的盟友，但他还是对他们感到很质疑。因此当他指称红色（他自己）是可疑的俄国人时，他是在告诉我，他害怕自己的攻击性。这种惧怕，驱使他在发现自己是对母亲做出性行为的"吸血鬼"的一瞬间，立刻停止舰队游戏。

图1显示他对于母亲身体被坏"希特勒"父亲（炸弹、暴风雨、毒蘑菇）所攻击时的焦虑。在我们讨论他对图2的联想时，我们会看到整个帝国代表的是他母亲的身体，已经被他自己的"坏"阴茎给刺穿了。在图1中，刺入的有三个阴茎，所代表的是他家里的三个男性：父亲、哥哥和他自

图1

己。我们知道，在这次会谈中，李察已经表达他对于性交的害怕。他除了幻想"坏"父亲威胁摧毁母亲之外，同时还害怕因为自己认同了"坏"父亲，所以自己的攻击也会为她带来危险。他哥哥也以攻击者的角色出现。在这图画中他母亲（浅蓝色）包含了坏男人，或可以说是包含了坏的性器官，因此她的身体正面临着危险，同时也是一个危险的地方。

一些早期的防御

李察对于自己的攻击性，特别是对自己的口腔施虐倾向，感到十分焦虑，因而导致他与自己的攻击性尖锐对抗。这种对抗挣扎有时显而易见，例如在生气时，他会磨牙齿，并移动他的下巴，好似在咬东西一般。由于口腔施虐的强度，使他认为他会伤害自己的母亲。即使他只对母亲或对我说了一些丝毫不具伤害性的话时，他也经常会问："我伤了你的心吗？"这种与其摧毁幻想有关的害怕及罪疚感，塑造了李察的整个情绪生活。为了维持他对母亲的爱，他会一再企图克制自己的忌妒及委屈，并否认那些非常明显的原因。

但李察无法成功克制自己的恨和攻击，或否认自己的委屈。尽管他试图压抑过去与现在的挫折所导致的愤怒，但这些愤怒会很清楚地呈现在移情情境中，譬如他对于分析中断的挫折反应就是其中一项。因为去伦敦，我在他心中变成一个受损的客体。然而我之所以受伤，不只是因为我被暴露在被炸弹炸伤的危险之中，也因为我引起他的挫折，而激起了他对我的恨意，所以在潜意识中，他觉得他已经攻击了我。通过重复早期挫折的情境，他认同了丢炸弹的危险的"希特勒"父亲（在幻想中攻击我），同时也害怕被报复，我则变成一位具有敌意且会报复的人。

从李察身上可明显看出，他在生命初期将母亲分裂成好的和坏的"乳房母亲（breast mother）"，以此处理自己身上显著的爱恨交织的情感。这种分裂又进一步被分割成好的"乳房母亲"和坏的"性器母亲（genital mother）"。在这个分析阶段，他真正的母亲代表"好的乳房母亲"，而我则变成"坏的性器母亲"，因此在他内心激起了跟这个坏的性器母亲有关的攻击和害怕。我变成那位在性交中被父亲伤害的母亲，或是和坏"希特勒"父亲结合起来的母亲。

当时李察对性器已经有相当强烈的兴趣，这可以从他和母亲之间有关性交的对话得知，虽然那时他的主要情绪是恐惧。也因为这种恐惧，他把我视为"性器"母亲而远离我，并视他真正的母亲为好的客体而接近她。他通过退化到口腔阶段完成此机制。我在伦敦期间，李察比以前更无法和母亲分开。就像他对我说的，他是"妈妈的小鸡"，而且"小鸡都会跟在妈妈后面跑"。他以投奔"乳房母亲"的方式作为防御来对抗面对性器母亲的焦虑，却不是很成功，因为李察补充说："但是小鸡还是要离开妈妈，因为母鸡不会再保护它们，也不会照顾它们。"

分析暂时中断，使移情情境中所经验到的挫折，再度活化了早期的挫折与委屈，其中最基本的感受是早期母亲乳房被剥夺的痛苦，使得对于好母亲的信任感无法被维持。

如同我在之前的片段所描述的，李察让吸血鬼（他自己）及罗尼（他母亲）两艘船相撞之后，立刻让罗尼和尼尔逊（Nelson）两艘战舰（他母亲及他父亲）紧靠在一起，然后按照年龄，将代表他哥哥、他自己及他的狗（如他所陈述的）的船只排列在一条直线上。这样的舰队游戏表达了他希望通过屈服于父亲跟哥哥的权威，让父母亲在一起，借此恢复家里的融洽与和平。这意味着他必须克制自己的忌妒与怨恨，只有这样，他才能避免为了争夺母亲而与父亲斗争。如此才得以消除他的阉割焦虑，并进一步保存了好父亲及好哥哥的信念。更重要的是，他还得以拯救他母亲，让母亲不会因为自己与父亲的争斗而受伤害。

李察不仅必须将自己防御起来，以对抗被自己的竞争对手，也就是自己的父亲、哥哥攻击，同时也担忧他的好客体。因此更强烈呈现出爱的感觉，以及渴望修复他在幻想中所伤害的客体。在幻想中，李察认为如果他对自己的怀恨和忌妒让步的话，客体就会重复地被伤害。

李察因此认为，只有当他的俄狄浦斯渴望被压抑时，家里才有可能平安与和谐，忌妒与怨恨才能被抑制，爱的客体才有可能被保存。压抑俄狄浦斯渴望，隐含着某些部分会退化到婴儿期，而这样的退化又与母婴关系的理想化息息相关。他期望能再次让自己变为婴儿，永远不再有攻击性，特别是不会再有口腔施虐冲动。而理想化婴儿的前提是理想化的母亲，最早指的是理想化的乳房：一个从来不会使他挫折的乳房，母亲和婴儿也纯然在彼此相爱的关系中。坏乳房和坏母亲在他的心智中与理想化的母亲远远隔离。

图2呈现了李察处理爱恨交织、焦虑以及罪疚感的一些方法。他指着红色部分说："它整个穿过了母亲的帝国。"但很快又纠正说："那不是妈妈的帝国，它只是一个帝国，我们都有一些领土在它里面。"我诠释说，他害怕发现自己认为那是妈妈的帝国，因为那表示红色部分穿刺了妈妈的里面。这时李察再次看了一下这幅画说，这个红色部分看起来"很像一个阴茎"，然后他又指着将帝国分成两部分的地方说，西边的领

■ 黑色　　▨ 紫色
□ 浅蓝色　▦ 红色

图2

土属于每一个人,但东边却没有他妈妈的部分,只有他自己、他父亲和他哥哥。

图画的左边代表的是跟李察很亲近的好妈妈,因为那一个部分只有一点点他父亲,他哥哥也不多。相对的右边(在之前的分析中,曾出现过的"危险的东边"),则只有打架的男人,或说他们的坏性器。他的母亲在东边消失了,因为他觉得母亲被这些坏男人给淹没了。这幅画分割了面临危险的坏母亲(性器母亲)及被爱而安全的母亲(乳房母亲)。

在我用来描绘某些焦虑情境的第一幅图画中,我们已经看到了一些防御机制,这些机制在图2中更明显地呈现出来。在图1中,浅蓝色的母亲遍布整幅画,而"性器母亲"及"乳房母亲"的区隔则没有像图2那么明显,但是若我们将最右边的部分独立出来,仍可清楚地看到这种分割的企图。

极具启发性的是,在图2中,分割线是由一条尖尖长长的部分完成的,李察将这部分解释为性器官。他借此显示他相信男性性器官会穿刺而且是危险的。这部分看起来像是一颗长而尖锐的牙齿或像是一把匕首,我认为他表达以下的意义:前者象征口腔施虐冲动会对所爱的客体造成伤害,后者则如他所想的,因其穿刺的本质,性器功能是危险的。

这些害怕让他一次次地投奔"乳房母亲"。他只能在前性器期主导的阶段,才能有某种程度的稳定。因为焦虑和罪疚感太强大,且自我无法发展出适当的防御,使原欲的进展被阻碍了,因此性器期*的结构无法被足够稳定下来,并带来强烈的退化倾向。在他发展的每个阶段都

---

* 弗洛伊德在他的文章"婴儿式的原欲性器组织(Infantile Genital Organization of the Libido)"(*S.E.*19)中将婴儿式的性器组织描述为"性蕾期(phallic phase)"。让他提出该词的主要原因之一是,他认为在婴儿期性器阶段,女性的性器尚未被发现或被认识,因此所有的兴趣都集中在阴茎上。我的临床经验并未确认这一观点,我也不认为用"阳具(phallic)"这个词可以涵盖我在本文中想讨论的素材。因此,我选择保留弗洛伊德最初使用的词"性器阶段(genital phase)"[或性器组织(genital organization)]。我会在本文的整体理论总结中更充分解释我选择采用此词的理由。

可见其固着和退化现象的交替出现。

减弱对俄狄浦斯欲望的压抑

对之前我所描述的各种焦虑情境加以分析之后，李察的俄狄浦斯渴望和焦虑更完整充分地呈现出来，但他的"自我（ego）"只能凭借更多使用特定防御机制，才能维持这些欲望（我将在本段对此加以说明）。这些防御机制之所以能够发挥效力，是因为某些焦虑通过分析被减弱了，这也表示"固着"的减弱。

当李察对于性器欲望的压抑，被适当地释放之后，其阉割恐惧才得以在分析中更完整地呈现出来，并经由不同的方式表现出来，同时伴随着的是防御方式的修饰。在我回来的第三次会谈中，李察走向花园，说他想去爬山，特别是思诺登山（Snowdon），他在之前的分析中提过这座山。当在说话时，他注视着天空的云，并说一个危险的暴风雨就要来临了。他说他为这些山感到很难过，因为当暴风雨即将扫荡时，它们会很惨。在之前的分析素材中，炸弹及暴风雨代表他的坏父亲，表征他对于坏父亲的害怕。想爬上思诺登山象征他渴望和母亲性交，但立刻激起的是被坏父亲阉割的恐惧，而即将来临的暴风雨也表示他和他母亲同时处在危险之中。

在这次会谈中，李察说他想要画五张图画。他说他看过一只天鹅，带着四只"可爱的（sweet）"小天鹅。在玩舰队时，李察给我一艘船，给他自己另一艘，他说我要乘着我的船去享受一趟快乐的旅行，他也是。一开始，他把他的船移开，但很快又将他的船绕回来，并靠我的船很近。之前的素材显示，这种船只相碰，尤其是在与他父母亲的关系里，重复地象征着性交。因此李察通过此游戏，表达他对于性器及性能力的渴望。他说他想要画给我的五张图画，代表他自己（天鹅）想要给我——或更恰当地说，给他母亲——四个小孩（小天鹅）。

如同我们见过的，几天前他也玩了一个类似的舰队游戏：吸血鬼

(李察)去碰触罗尼（他母亲）。当时他突然改变游戏，因为李察害怕自己的性器渴望会被他的口腔施虐冲动所主宰。但在接下来的几天，焦虑已经被释放许多，攻击减少了，同时有些防御方式被强化了，因此他可以再次玩类似的游戏，而不会引起太大的焦虑，或压抑他的性器欲望（在一次快乐的旅行中，他的船碰触我的船）。

李察越来越相信他可以获得性能力，基于他越来越认为他母亲是可以被保护的（be preserved）。他现在得以允许自己幻想母亲会将他视为男人般爱他，并让他取代父亲的地位。这让他希望母亲会变成他的同盟，保护他对抗他的所有竞争者。例如李察让蓝色跟红色蜡笔（代表他母亲和他自己），并排在小桌上，然后黑色蜡笔（他父亲）向着他们前进而来，但被红色蜡笔给赶走了，而蓝色蜡笔则赶走了紫色蜡笔（他哥哥）。这游戏显示李察希望母亲跟他联合在一起，赶走危险的父亲和哥哥。在图2的自由联想中，他说在西边的蓝色母亲准备攻打东边的国家，并重新夺回她在东边的国家，这显示他认为母亲是一位强壮的人，勇敢地与坏男人及他们危险的性器官战斗。我们可以看出，在图2的右边，他沦陷在三个男人（他父亲、哥哥和他自己）的性器攻击之下。在我稍后将描述的图4中，李察让蓝色伸展到大部分的画面里，表示他希望母亲可以重新夺回她所失去的领土。这位复原而重生的母亲，将会帮助他并保护他。可以使好客体复原和重生的希望，意味着他相信自己能更成功地处理自己的攻击，也使他更能强烈地经验他的性器欲望。又由于他的焦虑降低了，他的攻击得以向外，而幻想他能为了占有母亲而跟父亲及哥哥对抗。在舰队的游戏里，他将船只排成一长列，最小的一艘排在最前头。这游戏的意义表示他已经吞并了他父亲及他哥哥的性器，使它们变成他自己的。在幻想中，他觉得由于打败了他的对手而有了性能力。

图3是一系列图画之一。这系列图画由植物、海星、船只以及鱼等以不同的方式组合而成。这些组合在分析中经常出现，就像代表帝国

的图画系列一样，在细节上有许多变化，但是某些元素总是代表着同样的客体和情境。例如水底的植物，代表母亲的性器；通常水里面总是有两棵草，中间相隔着一段距离。植物也代表母亲的乳房，因此当一只海星在两株植物之间时，几乎一定代表小孩占有母亲的乳房或是和她进行性交。海星锯齿的尖端，代表牙齿，象征婴儿的口腔施虐冲动。

在画图3时，李察首先画了两艘船，然后画了一只很大的鱼及许多小鱼环绕着它。在画这些小鱼时，他变得越来越急切，并且充满活力，并且在所有空白处画满了婴儿鱼。然后他要我注意看一只婴儿鱼，被一只"妈妈鱼"的鱼鳍给遮盖了，并说："这是最小的婴儿。"这幅画表示小鱼儿被妈妈喂养。我问李察，他是不是也是这些小鱼中的一只，他表示他不是，并说在两株植物中间的那只海星是个大人，而小一点的海星则是个半大人，并解释说那是他哥哥。他又叫我看那只叫作"太阳鱼（Sunfish）"的船的潜望镜插到"罗尼"里面。我诠释说"太阳鱼"代表的是他自己［sun 代表英文的儿子（son）］，而潜望镜插到"罗尼"（母亲）里面，代表他和母亲性交。

李察说，在两株植物之间的海星是大人，暗指他父亲，而代表他自己的是比"罗尼"（母亲）还要大的"太阳鱼"船只。他借此反转了父亲—儿子的关系，但同时也显示出他对父亲的爱。他将代表父亲的海星，放在两株植物之间，借此弥补他的父亲，让他拥有被满足的小孩的位置。

这部分的素材显示"正向俄狄浦斯情结"及性器位置（genital position）已经越来越明显。我们可以看见李察用不同的方式来达成这一点，其中之一是让他父亲成为一个婴儿，这个婴儿是满足的，因此也是"好的"，而他则占有了父亲的阴茎。

直到画这图之前，李察在这类的画中虽然有不同的角色，但总是以小孩的角色出现。因为在焦虑的压力下，他会躲到一个理想化、满足而充满爱的婴儿角色。此时他头一次说他不是图画中的婴儿鱼之一。我认为这是他的性器特质被强化的另一个指标。他现在觉得自己可以长

第一章　由早期焦虑讨论俄狄浦斯情结　23

图 3

大，更有性能力。因此他能在幻想中跟母亲生小孩，而不再需要把自己放在婴儿的位置上。

然而这性器欲望的幻想，又引发了各种焦虑。他想凭借不和父亲对抗，只取代父亲，来解决俄狄浦斯冲突的企图，显然只能部分地成功。我们在画里看到了这看似和平的解决方式，伴随着的是李察害怕父亲会怀疑他对母亲的性器渴望，而紧密监视着他，并准备阉割他。当我诠释李察想和他父亲对调角色时，他告诉我，上面那只是英国的飞机，正在巡逻。我们还记得潜水艇的潜望镜插进了"罗尼",代表李察想和母亲性交的欲望。这意含李察想篡夺父亲的位子,因此预期父亲将会怀疑他,我因此诠释说,他的意思是,不仅他父亲被变成了一个小孩,并且也扮演了父母超我的角色,父亲(巡逻的飞机)在监视他、试图阻止他和母亲性交,并威胁要惩罚他。

我继续诠释道,李察自己也一直在"巡逻"他的父母亲,因为他不只对他们的性生活感到很好奇,且在潜意识中强烈地渴望干扰他们,并分散他的父母亲。

图4以不同的方式描绘同样的素材。当在涂蓝色部分时,李察边唱着国歌,边解释说,他母亲是皇后,他则是国王。李察这时取代了他的父亲,且获得了父亲具有性能力的性器。当他完成画时,他看着画并告诉我,这画中有"很多妈妈"和他自己,所以他们"真的可以打败父亲"。他指给我看图中只有很少坏父亲(黑色)。由于父亲已经被变成没有伤

■ 黑色　　▨ 紫色
□ 浅蓝色　▦ 红色

图4

害性的婴儿，似乎已经没有打倒他的必要。然而李察对于这样全能的解决办法并没有太大信心，因为他说如果必要他可以和母亲一起合力打败父亲。焦虑的降低，使他得以面对跟父亲的竞争，甚至能够和他格斗。

在涂紫色部分时，李察一边哼唱着挪威及比利时的国歌，并且说"他还好"。跟蓝色及红色比较起来，紫色部分最小，显示他哥哥也变成婴儿。他唱着两个同盟小国的国歌，并且说"他还好"，指的是父亲和哥哥，已经变成了没有伤害性的小孩。李察对于父亲的压抑的爱，在这个分析阶段，更加清楚了*。尽管如此，李察仍然无法消除父亲对他的威胁。此外，他觉得自己的粪便（在潜意识中等同于黑色的父亲）对他而言也是危险的根源，无法被消除。李察对于这层"心理现实（psychic reality）"的认识，借由黑色无法从图画移除而显示出来，即使李察自我安慰说，只有一点点的"希特勒"——父亲——在里面。

在那些帮助强化李察性器特质的许多方式中，我们看到"自我"尝试协调超我与本我的要求。当李察的"本我冲动"通过幻想与他母亲性交而被满足时，他那谋害父亲的冲动则被忽略了，来自超我的责难也相对减弱了。但超我的要求只有部分被满足，因为父亲虽然侥幸存活了，但他在母亲身边的位置却被篡夺了。

这样的协调过程在孩子正常发展的每个阶段中是不可或缺的，每当不同原欲位置有了大幅度的变动时，"防御"就会被干扰，而必须找到新的妥协。例如在之前的段落中我提到的，李察的口腔焦虑减弱时，就企图在幻想中把自己放在一个理想的、不会干扰家里和谐的婴儿角色，以此处理他的害怕和欲望之间的冲突。但当性器位置被强化，且李察较能面对其阉割恐惧时，不同的妥协就会出现。李察维持了他的性器渴望，但通过将父亲及哥哥变成婴儿（这些婴儿是他和母亲一起生

---

* 值得注意的是，此时理查对于父亲阴茎的原欲欲望（这些欲望之前被强烈地压抑下去）已经以最原始的形式浮现出来。当看着怪兽与小人打斗的图画时，理查说："怪兽看起来很丑，可是它的肉可能很好吃。"

的）来逃避他的罪疚感。在发展的任何阶段，类似的协调只能带来一些稳定性，而且先决条件是，焦虑和罪疚感不能强于自我的强度。

我如此详细解说焦虑及防御对性器发展阶段的影响，是因为我认为要完整地了解性发展，而不考虑原欲组织（libidinal organization）不同发展阶段的变化，以及这些阶段特有的焦虑及防御机制，是不可能的。

与内化父母相关的焦虑

在讨论图5和图6之前，需要先说明一下。李察再次来会谈的前一个晚上，有些轻微发烧及喉咙痛，但因为是一个温暖的夏天，他还是来接受分析。我之前提过，李察常会有喉咙痛及感冒，即使非常轻微，也会引发他极大的虑病焦虑。在他开始画图5和图6时，显得极度焦虑与担忧。他说他感到喉咙很热，觉得他鼻子里面有毒。接着他用很抗拒的方式说出另一个联想是，他担心他的食物可能被下毒了。这种担心已经存在他意识中好几年，但是只有在这次以及之前几次，他才能勉强地将它带到分析的情境中来。

在这段治疗期间，李察常会疑神疑鬼地看着窗户，当他看到窗户外两个正在谈话的男人时，他说他们正在偷窥他。这是他经常出现的被害焦虑的指标之一，与他想象中窥视他并迫害他的父亲及哥哥有关，其中最主要的焦虑是，害怕父母亲以敌意的方式秘密结盟对付他。在我的诠释中，我将他的疑虑，与其害怕被内在迫害者窥视并且策划反对他的焦虑做联结，这样的焦虑在早期分析中曾经出现。在我做这项诠释不久之后，李察突然将他的手指头探入喉咙的最深处，而且显得非常担心。他解释说，他在找细菌。我诠释说，细菌（germs）代表德国人（Germans）（跟我联结在一起的黑色"希特勒"——父亲），也就是他想象中的那两位偷窥他的男人，最终代表的是他的父母亲。因此害怕细菌和他害怕被下毒密切相关，且在潜意识中被联结到他的父母亲，虽然在意识中他并没有怀疑他们。这场感冒让这些被害焦虑又被激发出来了。

第一章　由早期焦虑讨论俄狄浦斯情结

在这次会谈中，李察画了图5和图6，但我唯一能搜集到的联想是：图6和图5代表的是同一个帝国，实际上这两张图是画在同一张画纸上。

隔天，李察的喉咙已经完全康复，这天他的情绪非常不一样。他绘声绘色地描述他如何喜欢今天早上的早餐，特别是麦麸片。他表演给我看他如何一口把它们都给吞进去了（前两天他吃得非常少）。他说直到他吃早餐之前，他的胃很小、很瘦，而且凹陷下去，"他里面的大骨头"都"凸出来了"。这些"大骨头"，指的是他的"内化父亲"或他父亲的性器。这在早期的素材中，以怪兽或章鱼呈现出来。它们代表的是他父亲阴茎中坏的一面，而怪兽"美味的肉"指的是父亲阴茎被渴望的方面。因为在早期的会谈中，他拿麦麸和鸟巢相比，因此我诠释说，麦麸指的是好母亲（好乳房和奶），表示他对于好的"内化母亲"的信念增强了，因此也比较不害怕内在的迫害者（骨头和怪兽）。

对于喉咙痛的潜意识意义的分析，使得焦虑降低，伴随着的是防御方式的改变。李察在这次会谈中的情绪及联想，清楚地呈现了这种改变。世界在他眼里突然变得美丽起来：他赞美乡村的景致、我的衣服、我的鞋子，并且说我看起来漂亮极了！他也满怀爱和欣赏地谈着他的母亲。当他对于内在迫害者的焦虑减少时，外在世界也跟着改善了，变得更值得信任，他也更能享受它们。但同时我们注意到他的抑郁被轻躁狂的情绪给取代了，使他否认了对于被害的恐惧。事实上，焦虑的减轻激起了用来对抗抑郁的躁狂防御机制。当然李察的轻躁狂情绪并未维持很久，在往后的分析中，抑郁及焦虑一再出现。

直到目前为止，我主要谈的是李察和他母亲（作为外在客体）的关系，但从他之前的分析就可以看出，母亲作为外在客体的角色与作为内在客体的角色持续相关。我将在分析图5、图6时清楚描绘我的看法，这两幅图画生动活泼地呈现李察心智生活中内在父母的角色。

在本次分析中，李察拿出前一天所画的图5和图6，而且很自然地做联想。现在他的抑郁及疑病式的焦虑已经减弱了，他得以面对本来隐藏在抑郁底下的焦虑。他指着图5说，图5看起来像一只鸟，一只"非常恐怖"的鸟，顶头浅蓝色的部分是鸟冠，紫色小点是眼睛，而鸟嘴"张得很大"。我们可以看见鸟嘴是由右边的红色和紫色部分所组成，因此就颜色而言，所指的是他自己和他哥哥。

我诠释说，浅蓝色的鸟冠表示这只"鸟"是他母亲——早期素材中的皇后，理想母亲——现在却变成贪婪的、具破坏力的。事实上鸟嘴是由红色及紫色部分所形成，指的是李察将他自己（和他哥哥）的口腔施虐冲动投射到他母亲身上了。

这些素材显示李察在面对其心理现实上有了重大的进展，因为他已能将其口腔施虐及食人冲动投射到他母亲身上。除此之外，在图5中，他让母亲的好方面跟她的坏方面，也就是常兵分两路的两个方面的原型——指好的、被爱的乳房，以及坏的、被恨的乳房——更接近彼此了。事实上分裂与隔离的防御机制也呈现在这幅图画中，因为图画的左边全部是蓝色，而图画右边，母亲则是以"恐怖"的鸟（张开的鸟嘴）及皇后（浅蓝色的鸟冠）被呈现出来。当李察比较不否认自己的心理现实时，他也比较能面对外在现实。这使李察得以面对并接受母亲的确令他感到挫折的事实，也因此引起他对她的怀恨。

在我诠释图5之后，李察重复强调那只鸟看起来真是"恐怖极了"，并对图6做了一些联想。他说它看起来也像一只鸟，却没有头，它底下黑黑的部分是从它身上掉下来的"大便（big job）"，他说一切都"好恐怖"。

在诠释图6时，我提醒他说，昨天他才告诉我，这两个帝国是同一个。我诠释说图6代表的是他自己，通过内化进去"恐怖的鸟"（图5），他认为他已经变得像它那样。张开的鸟嘴代表他母亲贪婪的嘴巴，同时也显示他想将母亲吞下去的欲望，因为组成鸟嘴的颜色代表他自己和他哥哥（贪婪的婴儿）。在他心智中，他已经将那个具伤害力及会吞噬的客体妈妈给吞下去了。今天吃早餐时，他把好妈妈给内化进去，觉得妈妈保护了他，并且和他一起对抗内化进去的坏父亲，指的是"他胃

第一章　由早期焦虑讨论俄狄浦斯情结

图 5

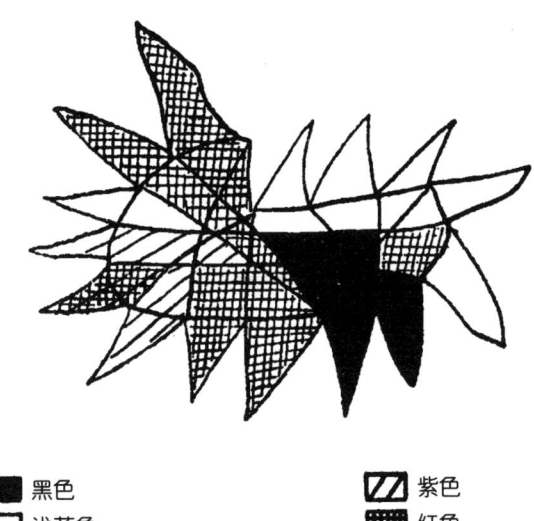

■ 黑色　　▨ 紫色
□ 浅蓝色　▦ 红色

图 6

里面的骨头"。当他内化了"恐怖的"鸟妈妈时，他觉得母亲和那怪兽父亲会联合起来。在他心智中，那恐怖的、联合起来的父母形象会从里面攻击他、吃掉他，同时也会从外面攻击他且阉割他。*

李察觉得这对内在及外在的坏父母，报复他对他们的攻击，因而他感到被切割和被阉割。他在图6中表达了这种焦虑，因此图6的鸟没有头。在内化父母的过程中，引发了针对父母而来的口腔施虐冲动，使父母在李察心智中成了贪婪及具破坏力的敌人。又由于李察觉得经由吞噬他的父母，他已经将他们变成了怪兽及鸟，因此他不只害怕这些内化进去的迫害者，而且也感到罪疚感，尤其是害怕他可能让好的内在母亲会被内在的怪兽所攻击。他的罪疚感也与他对于外在及内在父母的"肛门攻击（anal attacks）"有关，他用从鸟身上落下来的"可怕的大便"来表达这种惧怕。**

李察在上次治疗中画这两幅画时，非常焦虑以致无法对它们做任何自由联想，现在他的焦虑已经被释放了许多，因此才能提供一些自由联想。

他更早期的画（图7）比图5、图6更清楚地显现他对于客体的内化，因此值得在此讨论。

在李察完成图7时，他画了一条线把这张图圈起来，并用红色填满背景。我认为这代表他的"内在"，其中包含了他父亲、母亲、哥哥跟他自己，以及他们之间彼此的关系。在对这张画做联想时，他说他很满意代表他母亲的浅蓝色部分变多了。又说他希望哥哥能成为他的盟友。他对于哥哥的忌妒常会使他怀疑哥哥，并且害怕哥哥会成为他的对手，但这时他强调哥哥是他的盟友。后来他又指出一块黑色的部分，完全被他母亲、哥哥和他自己给围起来，这意指他和所爱的"内在母亲"已

---

* 值得一提的是，他在3岁时曾经被割过包皮，从那之后，他对于医生及开刀都会有强烈的害怕。

** 尿道冲动及焦虑在他的幻想中并非较不重要，却未特别呈现在他的素材中。

第一章　由早期焦虑讨论俄狄浦斯情结

■ 黑色　　　◨ 紫色
☐ 浅蓝色　　▦ 红色

图7

经联合起来对抗危险的"内在父亲"。*

这些治疗时段所呈现出来的素材，能帮助我们看到在李察的情绪生活中，常被他理想化的"好母亲"，指的不仅是内在的母亲同时也是外在的母亲，例如当他说他希望西边的蓝色母亲可以扩大其领土时（参照图2），这样的希望适用于他的内在世界，也适用于他的外在世界。而对于"内在好母亲"的确信，是对他最大的支持。当这项信念被强化时，他会变得更有希望、自信及具有安全感。当这种自信因为生病或其他

---

* 这幅画也代表他母亲的"内在"，在那里面同样的挣扎也正在进行。理查和他哥哥扮演的是保护母亲的内在客体（inner object），而父亲则是会危害母亲的内在客体。

原因被动摇时，则其抑郁与疑病式的焦虑就会随之增加。* 再者，当李察对于迫害者的害怕（包括坏母亲及坏父亲）增加时，会使他觉得无法保护他所爱的内在客体免于被摧毁的危险或死亡。而这些所爱的内在客体的死亡，必然等于他自己生命的结束。在此我们碰触到了抑郁者最基本的焦虑。根据我的经验，它们乃根源于婴儿期抑郁位置。

分析中有一个很突出的细节是，他非常害怕外在和内在客体的死亡。我之前曾经提过他跟游戏室近乎亲密的关系，是移情情境中非常主要的特征。在我去伦敦之后，李察对于空袭和死亡的害怕强烈地被激发出来。在好几个分析治疗时段中，他无法容忍电暖炉被关掉，必须等待我们离开房子的刹那才能关掉电暖炉。在之前的一次会谈中，当我将图3和图4做联结时，他的这种强迫式的焦虑曾经消失过。这些时期，性器欲望的强化与焦虑和抑郁的减弱，使得关于他要给我及他母亲一个"好"婴儿，以及他对于婴儿的爱之幻想，也在他的联想里变得越来越重要。他坚持房间的暖炉必须持续开着，与他的抑郁有关。**

男孩案例的总结

李察无法建立起稳定的性器位置，主要原因是他无法处理早期发展阶段的焦虑。坏乳房在李察的情绪生活中扮演极重要的角色，这与未被满足的喂食经验有关，也与强烈的口腔、尿道及肛门施虐冲动以及被它所激起的幻想有关。李察对于坏乳房的害怕，在某些程度上，已经被理想化了的好乳房冲淡了，这使得他对于母亲的爱能够被保存下来。乳房之中坏的部分与他对于这个坏乳房的口腔施虐冲动，大部分被转移至父亲的阴茎。此外他对于父亲的阴茎还有强烈的口腔施虐冲

---

* 毋庸置疑，这些焦虑会让他较容易感冒或感染其他生理疾病，或至少减弱他的抵抗力。这表示我们面对了一个恶性循环，因为这些疾病反过来也会增加他的害怕。

** 让暖炉子持续开着，在潜意识中也意味着，对自己证明，他并未被阉割，他父亲也未被阉割。

动,这些冲动来自早期正向俄狄浦斯情境中的忌妒与怨恨。父亲的阴茎在其幻想中变成一个危险、会咬人、有毒的客体。太害怕阴茎是外在及内在的迫害者,使李察无法信任阴茎具有好的及有生产力的特质。由于害怕被迫害,李察早期的女性位置从根本处就被干扰了。这些困难通过"反向俄狄浦斯情境(inverted Oedipus situation)*"被体验到,且因为对于母亲性器的渴望,又与阉割害怕挂钩。伴随着这些欲望而来的是对父亲的怨恨,表现在想咬断父亲阴茎的冲动里,导致他害怕会被以同样的方式阉割,因而增强了他对于性器欲望的压抑。

李察的病症之一是,对于所有活动和兴趣的抑制越来越强。这与他严重压抑自己的攻击倾向有关。这种压抑在他与母亲的关系中特别显著。在与父亲及其他男人的关系中,他的攻击性比较不受压抑,但仍因害怕而受到相当程度的限制。李察面对男人的主要态度是,安抚可能的攻击者和迫害者。

李察最不会抑制与其他儿童之间的攻击冲动,虽然他依旧非常害怕直接表达其攻击冲动。他对儿童的憎恨与畏惧,部分来自他对于父亲阴茎的态度。在李察心智中,具有杀伤力的阴茎跟那个贪婪并具有破坏力的小孩是密切相关的。他认为这些具有破坏力且贪婪的小孩会消耗掉他母亲的能量,且终究会摧毁他,因为在他的潜意识中,他强烈地将"阴茎"对等于"小孩"。他也觉得坏阴茎只会制造出坏小孩。

另一个导致李察害怕小孩的决定性因素是,他对于哥哥的忌妒以及对于母亲未来可能会再生的任何小孩的忌妒。在潜意识中李察对于母亲身体里所怀的小孩的施虐攻击,与他对于在母亲身体里的父亲阴茎的恨联系起来了。只有当他对婴儿呈现出友善态度时,才能偶尔表现出对其他儿童的爱。

我们知道他唯有将母婴关系理想化,才能维持住爱的能力。然而,

---

* 反向俄狄浦斯情境:孩童爱上同性父母,将异性父母视为竞争对手,与正向俄狄浦斯情境之间有着错综复杂的相互作用。——译者注

李察对于自己口腔施虐冲动有潜意识焦虑与罪疚感，以至婴儿对他而言仍是主要的口腔施虐者。这是他为何无法在幻想中实践他想要给母亲小孩的渴望（his longing to give children to his mother）的原因之一。更根本的是在其早期发展阶段，口腔焦虑使他更加害怕性器的功能和自己的阴茎的攻击方面。李察害怕他的口腔施虐冲动会主导自己的性器渴望，且害怕他的阴茎是一个具有杀伤力的器官，这是导致他压抑其性器欲望的主要原因之一。因此让母亲高兴并用来修复已经被自己摧毁的婴儿的主要工具已经无法再被使用。他的口腔施虐冲动、幻想及害怕，以各种不同的方式一再干扰着他的性器发展。

之前我已经一再指出，退化到口腔期的防御机制，可用来对抗性器位置所引起的进一步焦虑。但在此过程中"固着"所扮演的角色却不容被忽视。由于其口腔、尿道及肛门施虐焦虑是如此过度，以致这阶段的固着也显得非常强烈，这会导致性器结构的衰弱，且会使压抑倾向变得显著。尽管李察非常抑制，他仍发展出一些升华的性器倾向。此外，由于他的欲望主要是针对母亲，而其忌妒与憎恨主要是针对父亲，使他得以获得一些"正向俄狄浦斯情境"以及异性恋发展的主要特征。不过这个表象在某些方面并不真实，因为他对母亲的爱仅能通过理想化"乳房母亲"，及强化与母亲关系中的口腔元素才得以被维持。从他的画中我们得知，她总是用蓝色代表母亲，选择这个颜色与他喜爱万里无云的蓝天有关，也表达出他渴望拥有一个理想的、慷慨的、永远不会让他感到挫折的乳房。

李察以某种方式持续维持着他对母亲的爱，这使得他具有某些稳定感，也让他的异性恋倾向得以发展到一定的程度。很明显地，李察的焦虑及罪疚感是导致他固着在母亲身上的主要原因。李察热爱着他母亲，但以一种非常婴儿的方式。他几乎无法容忍母亲由他眼中消失，也很难以独立及男人的方式和母亲保持关系。他对于其他女人的态度，虽然也缺乏真正的男性及独立特质，但相较于他对母亲的爱和盲目的崇拜是极不同的。他和女人的关系非常早熟，在某些方面有点像成人的大情圣唐璜。他用各种方式，甚至是花哨谄媚的方式讨好女人，可同时又经常对女性不屑且严苛，并在女性被他玩弄时，觉得好笑。

在此我们已经看到李察对于女人的两种对立的态度，让人想到弗洛伊德所提出的一些结论。弗洛伊德描述有些男人有"心理无能（psychical impotence）"的问题，例如他们只有在特定情境下才有性能力。当论及这些人"在情欲感受中，爱恋和生理欲望的感觉是分裂的"时，弗洛伊德说："这些人的爱被分裂成两半，就如艺术中所描绘的，神圣的爱与亵渎（或禽兽）的爱，当他们爱时就没有欲望，当他们有欲望时，却无法爱。"（*S.E.* 11，p.183）

弗洛伊德的描述可类比到李察对于母亲的态度。李察害怕并憎恨"性器母亲"，却又对"乳房母亲"保有爱和柔情。这两种完全不同的趋势，从他对母亲与对其他女人截然不同的态度可明显看出。他对于母亲的性器欲望被强烈压抑下来，使母亲成了被爱及被仰慕的客体，但性器渴望可能就某种程度被转到其他女人身上，使这些女人成为被批判和被嘲笑的客体。她们代表的是"性器"母亲。李察对于性器的害怕以及想去压抑它，反映在他对于这些客体的藐视态度上，因为这些客体激起了他的性器欲望。

导致李察"固着"并退化到"乳房"母亲的主要焦虑之一，是李察害怕母亲的"内在"充满了迫害者。因为"性器"母亲对他而言就是和父亲性交的母亲，她也涵容了"坏"父亲的性器，或者应该说涵容了父亲众多的性器。母亲和父亲形成一组危险的联盟一起对抗儿子；母亲也涵容了与他敌对的婴儿。此外他也焦虑自己的阴茎也是一具危险的器官，会伤害他所钟爱的母亲。

干扰李察性器发展的焦虑跟他所内化进去的父母形象有关。他将母亲的内在视为一个危险的地方，这与他对于自己的内在感觉相呼应。在之前的治疗时段中，我们看见那位好母亲（例如，好的早餐）在他里面保护他,并对抗那位"在他肚子里面'凸出来的长长的骨头'"父亲。母亲保护他以对抗"内化父亲(internalized father)"的画面,使李察相对也觉得他必须抵抗"坏"父亲,以保护被内在怪兽施予口腔和性器攻击的母亲。其实李察最终的恐惧是觉得母亲处在被他自己的口腔施虐攻击的危险中。图2显示坏男人(他父亲、哥哥和他自己),施压并吞噬其母亲。该恐惧来自李察的一个根本的罪疚感。他认为在内化她(母亲)的过程中,母亲和她的乳房已经被他的口腔施虐攻击给摧毁(吞下)了。此外在图6中他也表示出对于自己的"肛门施虐攻击"的罪疚感,因为他指出了"可怕的大便"从鸟的身体掉出来。他将自己的大便与黑色"希特勒"做联结,这在早期分析中,当李察开始画帝国时,即已出现。在他最早的画作中,黑色指的是他自己,但瞬间又改变决定说红色才是他自己,黑色是父亲。之后的绘画就一直维持这样的安排。这种指代在他对于图5及图6的一些联想中,再次呈现出来。图5中的黑色部分代表坏父亲,图6中的黑色则代表从残缺的鸟体内掉出来的"可怕的大便"。

李察对于自己具杀伤力的畏惧,与他害怕母亲是一位危险的、会报复的客体互相呼应。张开鸟嘴的"可怕的大鸟",是李察将自己的"口腔施虐冲动"投射到母亲身上。李察在其心智中所建立起的"内在吞噬母亲"的骇人形象,不能全归因于他在母亲身上所感受到的挫折经验。图6非常清楚地呈现出,他觉得那只"恐怖的"鸟妈妈是如何危险,因为这只没有头的鸟代表他自己,显示他害怕被危险母亲与怪兽父亲联合起来的敌人阉割的焦虑。此外,在内在情境中,他觉得被那联盟起来的鸟母亲及怪兽父亲所威胁。这些内在的危险情境才是他那疑病及被害焦虑的主要原因。

当李察在分析中越来越能面对一个心理现实,即他所爱的客体,同时也是他所憎恨的客体,而那浅蓝色的母亲,即带着皇冠的母后,也是心智中那位有鸟嘴的恐怖大鸟时,他才得以更稳定地建立起对他母亲的爱。他的爱与恨的感觉才能紧密联系,而他与母亲的快乐经验才不再需要跟挫折的经验远远隔离。他因此不再需要一方面如此强烈地将好母亲过度理想化，另一方面又制造出一个如此恐怖的坏母亲形象。当他允许自己将母亲的两个方面放在一起时，表示坏的方面得以被好的方面所缓和。这个更安全的好母亲就可以保护他，对抗那个"怪兽"父亲。这也意味着母亲不再会被他的口腔贪婪及坏父亲致命地伤害。反过来他也会觉得自己及父亲不再那么危险了。好母亲能再次活起来，而李察的抑郁也得以减轻。

他越来越希望，可以使分析师及母亲，作为其内在及外在客体，能够继续活着，这种希望与他日渐强化的性器阶段有关，也与他越来越有能力经验俄狄浦斯渴望有关。潜意识中他一直认为"生育"及"创造好的婴儿"是对抗死亡及死亡恐惧的主要媒介，现在他比较可以在幻想中使用这一媒介。李察现在比较不害怕被自己的施虐冲动所摆布，他相信自己可以生出好的婴儿，而男性性器（包括他父亲及他自己的性器）的创造力及生产力也越来越强烈地浮现出来。他更信任自己有建设性及修复的倾向，也更信任内在和外在的客体，因此对于父母及好父亲的信任感也被强化了。他父亲不再被视为一位危险的敌人，因此也不再是李察那无法对抗及怀恨的对手。如此在强化其性器阶段上，李察迈出了很重要的一步，同时也更能面对与性器渴望有关的冲突及害怕。

女孩俄狄浦斯发展的案例摘录

之前我已经讨论过，干扰男孩性器发展的一些焦虑，接下来我将描述小女孩丽塔这个案例的一些相关素材。在我早期的著作中，已经从各种角度说明过这个案例*。以这个案例的素材来解说小女生的性器发展很具说服力，因为此素材简单、清晰、一目了然。虽然此案例的大

---

* 参见克莱茵全集（1975）第二册《儿童精神分析》（*The Psycho-Analysis of Children*）第292页和第444页的个案名单。

部分素材已经出版过，但我想在此补充一些尚未出版的细节以及我当时无法做出，但是现在回顾起来，发现可以从原始的素材中清晰获得的一些新的诠释。

我的病人丽塔开始接受分析时，年仅2岁零9个月，很难管教。她有各式各样的焦虑，其中包括无法忍受挫折，并且总是闷闷不乐。她具有许多显著的强迫式特质，而且情况越来越严重。她会固着于一些细微的强迫仪式，时而表现出夸大的、满怀歉意的"好"行为，时而又会出现企图掌控身旁每一个人的"坏"行为。她有饮食方面的困难，经常"心血来潮"想吃特定的东西，又经常食欲不振。纵然她很聪明，但是其人格发展与整合，却因严重的精神官能症而停滞不前。

她常无缘无故地哭泣，当她母亲问她为何哭泣时，她回答说："因为我很难过。"若再问她："为何而难过？"她则会回答："因为我在哭。"她常会问母亲："我是个好女孩吗？""你爱我吗？"等等，以此表现她的罪疚感和不快乐。她无法忍受责难，当被责骂时，她不是放声大哭，就是变得叛逆。她和父母之间不安全的亲子关系，可由她1岁多所发生的一件事中显现出来。据我所知，有一次当她的父亲假装威胁图画书里的一只熊时，她放声大哭起来，显然她已经认同了这只图画熊。

丽塔的游戏内容非常节制，例如她玩洋娃娃的唯一方式是强迫式地替它们洗澡、换衣服。每次当她开始进行任何一种想象的游戏时，则会开始显出焦虑，而终止游戏。

以下是其成长史中的一些相关事件。丽塔吃母乳几个月之后就换成了奶瓶。刚开始时她很难接受奶瓶。在开始断奶并喂她吃固体食物的过程也充满了困难。在我开始分析她时，她仍然有饮食方面的困难，当时她的母亲还会在晚上给她奶瓶喝。她母亲说她已经放弃尝试断掉丽塔晚上的最后那一瓶奶，因为每次尝试都会引起丽塔极大的痛苦。丽塔刚过1岁不久，就完成了如厕训练，依据丽塔如厕训练的状况，我认为她母亲在这件事上过于焦虑了，因此丽塔的强迫式精神官能症显然与她早期的如厕训练有关。

丽塔睡在她父母亲的房间里直到她快2岁,并且重复目睹父母亲的性交。在她2岁时,弟弟出生了,也在这个时候她的精神官能症症状完全呈现出来。另一个相关的状况是母亲自己也非常神经质,而且显然对丽塔爱恨交织。

父母亲告诉我,丽塔直到1岁之前喜欢母亲更甚于父亲。在进入第二年时,她开始明显偏爱父亲,并且非常忌妒母亲。15个月大,有一次丽塔坐在她父亲膝盖上时,一再清楚地表达她渴望能单独和父亲待在房间里。这时她已可以用口语表达。在约18个月大时出现明显的改变,这时她和父母的爱恨关系又对调了,同时也产生许多不同的症状,例如夜惊和动物恐惧症(尤其是对狗)等。母亲再次成为她的钟爱,但又隐含着强烈的爱恨交织关系。她如此黏母亲,甚至无法让她离开她的视线。伴随着此现象的是企图控制她母亲,且经常毫不隐瞒地憎恨她。在此时丽塔也发展出对父亲显而易见的不悦。

这些状况在当时很清楚地被父母观察到,并且告知我。就比较年长的孩子而言,父母对于孩子早期的观察所做的陈述,通常是不可靠的,因为父母记忆中的事实会随着时间的流逝而逐渐模糊,但是由于丽塔还小,因此生活中的细节在父母脑海里仍然非常清晰,分析结果也完全证实了父母亲所陈述的要点。

与父母的早期关系

在丽塔刚满1岁不久之后,一些与俄狄浦斯情境有关的重要因素,已经很明显可被观察到,例如她比较偏爱父亲,而对母亲感到忌妒,甚至想取代母亲,要和父亲结合。评估丽塔1—2岁的俄狄浦斯发展,必须考量一些重要的环境因素:小孩和父母共享一个卧室,有许多机会得以目睹父母的性交,使小孩持续被暴露在原欲的(libidinal)欲望、忌妒、憎恨和焦虑的刺激中。在她15个月大时,母亲再度怀孕,孩子在潜意识中了解母亲的状况，因此丽塔想和父亲结合生小孩的渴望以及她与母亲之间的竞争被强化了，这使她的攻击和随之而起的焦虑及罪疚感增强到一定的程度，以至她的俄狄浦斯欲望无法持续发展。

但丽塔在发展上的困难不能仅以这些外在刺激来解释。许多儿童也会被暴露在类似或更糟糕的情境中，却未导致严重的心理疾病，因此我们必须考虑丽塔的一些内在因素与外在因素彼此挂钩，导致丽塔的心理疾病并阻碍她的性发展。

分析显示，丽塔的口腔施虐冲动太强烈，其容忍任何压力的能力也格外薄弱。这些天生特质决定了她早期对于挫折的反应模式，也强烈影响了她和母亲的关系。当丽塔的"正向俄狄浦斯欲望"在将满1岁时完全呈现出来，这种与父母之间的新关系强化了丽塔的挫折感、憎恨及攻击，并且其中伴随着焦虑以及罪疚感。由于无法面对这多重冲突，使她无法维持其性器欲望。

丽塔跟母亲的关系被两项重大的焦虑来源所主导：被害焦虑与抑郁性焦虑（depressive anxiety）。一方面母亲被视为可怕及具报复性的人物，另一方面又是丽塔不可或缺且被钟爱的"好客体"。丽塔觉得自己的攻击会威胁她所爱的母亲，因此强烈恐惧会失去母亲。由于这些早期焦虑以及罪疚感太强烈，使得丽塔无法容忍因俄狄浦斯感受（跟母亲的竞争以及对她的憎恨），而产生的更多焦虑与罪疚感。她通过压抑自己的憎恨作为防御，并且以过多地讨好作为补偿，因此不得不退化到更早期的原欲发展阶段。丽塔和父亲的关系基本上也被这些因素所影响。一些对母亲的恨被转移到父亲身上，并且因为俄狄浦斯渴望的挫折，而更加强化了她对父亲的恨。在丽塔1岁多时，对父亲的恨明显超过了她过去对父亲的爱。她无法和母亲建立满足的关系，也无法与父亲建立满足的口腔及性器关系。在分析中越来越清楚地呈现出来她想阉割父亲的强烈欲望（部分原因是在女性位置中的挫折，另外一部分则是在男性位置中的阴茎钦羡）。

丽塔的施虐幻想与在不同原欲位置受挫而产生的委屈有关，它们呈现在正向及反向的俄狄浦斯情境中。父母亲的性交，在其施虐幻想中扮演很重要的角色，并且在她心里变成一件既危险又令人害怕的事，母亲被想象成受到父亲极度残酷对待的受害者。所以在她心里，父亲不只会威胁到母亲，经由认同母亲所延续下来的俄狄浦斯渴望，也威胁到自己。丽塔对于狗的害怕可以追溯到她对于父亲危险阴茎的害怕。她害怕父亲会为了要报复她想阉割他的冲动而袭击她。她和父亲之间的关系严重地被干扰，因为父亲变成一位"坏男人"。因此丽塔更加恨他，因为父亲变成了她对母亲的"施虐欲望（sadistic desires）"之化身。

以下是母亲告诉我的片段，可用来说明上述最后一点。在丽塔刚2岁不久，有一次和妈妈去逛街时，看见一位马车夫凶残地鞭打着他的马，她母亲非常气愤，小女生也表达了她强烈的怒气。之后她说出了令母亲非常惊讶的话："我们什么时候可以再出去看那个坏人鞭打他的马？"由这件事可以看出她如何从这次经验中感受到施虐的快感（sadistic pleasure），并且渴望重复这种经验。在其潜意识中，马车夫代表她父亲，马匹代表她母亲，父亲在性交的过程中，实践了小孩对她母亲的"施虐幻想（sadistic phantasies）"。而对于父亲坏性器官的害怕，加上幻想母亲被自己的憎恨，以及被坏父亲（马车夫）所摧毁及伤害，这些因素都干扰了丽塔正向及反向的俄狄浦斯欲望。丽塔既无法认同这样被摧毁的母亲，也无法允许自己在同性恋位置（homosexual position）中扮演父亲的角色，因此在这些早期阶段，无论是正向或逆向位置，皆无法被满足地建立起来。

分析素材举例

丽塔在目睹父母性交原初情景（primal scene）所体验到的焦虑，显示在以下素材之中。

在某一次的分析中，她将一块三角形的积木放在一边，然后说："那是一个小女人。"接着她拿起一个她称之为"小铁锤"的长椭圆形积木，她用"小铁锤"敲打积木盒子，并说："'铁锤'很用力敲打的时候，小女人很害怕。"三角形积木代表她自己，"铁锤"代表她父亲的阴茎，盒子则代表她母亲，这整个情景代表她目睹的原初现场。很有意思的是她敲打盒子的地方刚好是用纸粘起来的地方，因此盒子就被她敲出了一个洞。这是丽塔象征式地显示在她潜意识中对于阴道的认识，以及阴道在她的性理论中所扮演的角色的例子之一。

接下来两个例子则和她的阉割情结以及阴茎嫉羡有关。丽塔在游戏中假装带着她的泰迪熊刚好旅行到一个"好"女人的家，而那个女人将会给她"一次很不可思议的款待"。但是这一趟旅程并不顺利，丽塔赶走了火车司机，取代了他的位子，可是这个司机一再回来并威胁她，使她相当焦虑。她和司机所争夺的客体，是她的泰迪熊，她认为泰迪熊是使这趟旅程顺利的关键。在此，"熊"所代表的是她父亲的阴茎，她和父亲之间的竞争，显现在争夺阴茎的所有权上。她从父亲身上夺走阴茎，部分是来自她的嫉羡、憎恨和报复，另一部分则想取代他在母亲身边的位置——借由父亲那有性能力的阴茎，修复她在幻想中对母亲所造成的伤害。

另一个例子与她就寝时的仪式有关，这个仪式变得越来越烦琐，且具有强迫特质，包括也要对她的洋娃娃进行一模一样的仪式。仪式的重点是她（和她的洋娃娃）必须被紧紧地包裹在被子里，否则如她所说，老鼠或"butzen"（她自己发明的词）会从窗户跑进来，并咬断她的"butzen"。这"butzen"表征的是父亲及她自己的生殖器：父亲的阴茎会咬断她想象中的阴茎，因为她想要阉割他。现在想起来，我想她害怕母亲攻击她的身体"里面"，和她害怕有人会从窗户跑进来有关。房间代表她的身体，攻击者则是她母亲，来报复那位攻击她的小孩。所以强迫式地将自己仔细地裹起来，是针对这些害怕所产生的防御。

超我的发展

前两段所描绘的焦虑及罪疚感与丽塔的超我发展息息相关。我发觉她里面有一个冷酷无情的超我，酷似有严重强迫式精神官能症的成人心底潜藏的超我。在分析当时，我认为这种发展可被追溯到她刚满1岁不久时。但是根据我晚期分析经验的洞察，我不得不承认丽塔超我的形成可以追溯到她生命的头几个月。

在我之前所描述的旅行游戏中，火车司机代表她的超我，以及她真正的父亲。我们也可以在丽塔和其玩偶的强迫式游戏中，看到超我的运作。例如她玩玩偶的方式和她睡觉前的仪式相当类似，即让玩偶睡觉，并将它非常仔细地包裹起来。有一次在分析中，丽塔把一只大象放在玩偶旁边，她解释说大象是为了不让"小孩"（玩偶）醒来，不然"小孩"就会偷偷跑进父母的卧室，"伤害他们"，或者"从他们身上偷走一些东西"。这只大象代表她的超我（父亲及母亲），是要避免对于父母亲的攻击欲望。其实丽塔想逃避的是对于父母亲性交情境及母亲怀孕所产生的"施虐冲动（sadistic impulses）"。超我的任务是阻止小孩从她妈妈身体里面盗走（夺走）她的小孩，使其不能伤害或摧毁她妈妈的身体，并无力阉割她的父亲。

分析中一项很有意义的细节，是在她刚满2岁后不久，当她在玩洋娃娃时会一直强调，她不是洋娃娃的妈妈。联系整个分析的背景，该游戏所呈现的是丽塔不允许自己成为洋娃娃的母亲，因为这个洋娃娃代表她的弟弟，她既期盼又害怕会从母亲身边夺走这个弟弟。她的罪疚感也跟她对怀孕的母亲所产生的攻击幻想有关。丽塔无法扮演洋娃娃的母亲，这种抑制除了来自她的罪疚感之外，也来自她对于母亲的残酷形象的害怕。这个形象比她真实的母亲还要严厉许多。丽塔不但以扭曲的眼光看她真正的母亲，同时也一直觉得受到恐怖的"内在母亲形象（internal mother figure）"的威胁。我之前谈过丽塔在幻想中攻击母亲的身体，并担心母亲会攻击她，夺走她想象中自己的婴儿，同时害怕被自己的父亲攻击和阉割。我想更进一步深入诠释：她幻想自己的身体被父母亲（作为外在客体）攻击，因此也害怕自己的内在会被内化的具迫害性的父母形象所攻击，而这对内在的父母形象形成了她超我中严厉的部分。*

丽塔严厉的超我经常在分析中通过游戏显示出来，例如她常会很残酷地惩罚她的洋娃娃，然后又爆发愤怒与恐惧。她同时也认同了施加严重惩罚的严厉父母以及被残酷对待并愤怒的小孩。此现象不仅在她的游戏中很明显，而且在其他行为中也观察得到。某些时候她似乎是那位残酷无情的母亲的代言人，有时候又变成一位失控的、贪婪、想破坏一切的小婴儿。她似乎没有足够的"自我"得以衔接这两个极端，并调和这些强烈的冲突，使得超我整合的过程受到严重干扰，而无法发展出自己的个体性。

干扰俄狄浦斯发展的被害焦虑与抑郁性焦虑

抑郁是丽塔精神官能症的核心症状，她会无缘无故地哭泣并感到难过，且会持续探问她母亲是否爱她，这些皆是抑郁性焦虑的指标。而这些焦虑都来自她和母亲乳房的关系。丽塔认为自己已经攻击了母亲及母亲乳房，这一施虐幻想使她被笼罩在恐惧中，这种恐惧深刻影响了她和母亲的关系。一方面她爱母亲并认为母亲是一位美好且不可或缺的客体，但是又因为她觉得自己的攻击幻想已经置母亲于危险而感到罪疚。可是另一方面又视她为一位坏的、具迫害性的母亲（本来是坏乳房），因而对她又恨又怕。这些对于母亲（作为外在及内在客体）的害

---

* 在下文的理论总结摘要中，我会说明女孩的超我发展，以及好的内化父亲所扮演的重要角色。对丽塔而言，这部分的超我形成尚未出现在她的分析中。但在分析快结束时，她跟父亲之间关系的改善，表现出她正在朝这个方向发展。现在想起来，我觉得丽塔与她母亲之间的焦虑及罪疚感几乎主导了她所有的情绪生活，以致她跟外在及内在父亲的关系被干扰了。

怕及复杂的感觉，构成其婴儿期的抑郁位置（depressive position）。丽塔无法处理这些严重的焦虑，因此也无法克服自己的抑郁位置。

一些早期分析的素材跟这点有关，且深具意义。* 当时她在一张纸上涂鸦，然后使劲地把它们全部涂黑，并将它们撕成碎片，然后将这些碎纸片丢进一杯水中，接着再将茶杯放在嘴旁，仿佛要将它喝掉，这时她会突然停下来，并且喃喃自语地说："死掉的女人。"同样的素材及同样的字句，后来又出现过一次。

这些被涂黑、撕碎、丢进水里的碎纸片，代表的是母亲经由口腔、肛门及尿道被摧毁。这幅已经死去的母亲影像，所指的不只是从丽塔眼中消失的"外在母亲"，同时代表她的"内在母亲"。丽塔必须放弃在俄狄浦斯情境中与她母亲的竞争，因为她潜意识中一直害怕失去这位内在及外在的客体，因此必须断绝会让她更憎恨母亲乃至导致母亲死亡的欲望。来自口腔阶段的焦虑，是丽塔抑郁的基础。它在母亲试图戒掉她最后一瓶奶时发展出来。丽塔拒绝从杯中喝牛奶，她会陷入绝望的状态，且失去食欲，拒绝任何食物，且比以往更黏母亲，一再重复地问母亲，是否还爱她，她是否不乖等等。从她的分析中看出，丽塔认为断奶是针对她那想攻击母亲，并希望母亲死掉的欲望的残酷处罚。因为失去奶瓶，代表乳房的永久丧失，当奶瓶被拿走时，丽塔觉得她已经摧毁了母亲。即使母亲就在眼前，也只能暂时减缓这些恐惧。我们可如此推论，失去的奶瓶代表失去的好乳房，因此在断奶之后而处在抑郁中的丽塔所拒绝的杯中之奶，所象征的则是被摧毁及死去的母亲，就像茶杯里面装的碎纸片代表"死掉的女人"。

我之前提过，丽塔对于母亲死亡的抑郁性焦虑跟她害怕母亲会报复并攻击她身体的被害焦虑有关。事实上这些攻击在一个小女孩的心智中，所危及的不只是她的身体，也会危及她里面所有宝贵的东西，包

---

* 此素材尚未出现在之前发表的任何著作中。

括：可能会出生的小孩、好母亲及好父亲。

无法保护这些所爱的客体，使他们免于外在及内在的迫害，是造成小女孩基本焦虑的最主要元素之一。*

丽塔跟她父亲的关系主要取决于和母亲有关的焦虑情境。她对于坏乳房的怨恨和害怕，大多被转移到父亲的阴茎上。因母亲而来的高度罪疚感与失去母亲的恐惧也同时被转移到父亲身上。以上这些及其在父亲身上所经验到的直接挫败，皆阻碍了其"正向俄狄浦斯情结"的发展。

她对于父亲的恨，被"阴茎嫉羡"以及在反向俄狄浦斯情境中与父亲的竞争给强化了。企图处理阴茎嫉羡，她更加相信自己拥有想象中的阴茎。然而又觉得这想象中的阴茎岌岌可危，因为这位坏父亲会为了报复她对他的阉割欲望，而把她给阉割了。丽塔害怕父亲的"butzen"会闯进她的房间，并且咬断她自己的"butzen"，显示丽塔的阉割焦虑。

她想要占领父亲的阴茎，并以他的角色和母亲在一起，清楚地呈现出她的"阴茎钦羡"。这样的现象在我之前引述的游戏素材中有非常清楚的描绘：她跟代表阴茎的泰迪熊一起去旅行，去找那个"好女人"，"这位好女人会非常热情地款待他们"。她的分析显示，对于她所爱的母亲可能死亡的焦虑及罪疚感，让她更想拥有自己的阴茎。这些焦虑在早期发展阶段曾经伤害了她和母亲的关系，此刻则成为导致她无法发展出"正向俄狄浦斯"的主要因素。这些焦虑同时也强化了丽塔对于占有阴茎的渴望，因为丽塔觉得只有如此才能修复她对母亲的伤害，并且归还她在幻想中被自己夺走的婴儿。丽塔认为如果她自己拥有阴茎，则可以满足母亲并且给予她小孩。

丽塔在面对反向及正向俄狄浦斯情结所面临的困难，起源于其抑郁位置。随着其焦虑及罪疚感的降低，她变得更能容忍其俄狄浦斯渴望，且越来越快速地发展出一种女性及母性的态度。在分析接近尾声

---

* 此焦虑情境已经相当程度地呈现在丽塔的分析中，但那时我并未彻底意识到这些焦虑的重要性，及它们与抑郁情绪的联结。我后来的经验才帮助我更清楚该现象。

时（由于外在情境使分析提前结束），丽塔和其双亲及哥哥的关系皆有了改善。她一直以来对于父亲的反感，这时转变为对他的钟爱。对于母亲的爱恨交织也减弱了，进而发展出一种比较友善及稳定的关系。

丽塔对于她的泰迪熊和洋娃娃在态度上的转变，反映出她的原欲发展已有了相当大的进展；她的神经质问题以及严厉的超我，也已经减弱许多。有次在分析接近尾声，她亲吻、拥抱泰迪熊并叫着它的各种昵称，然后说："我从此再也不会不快乐了，因为我现在有了这么一个可爱的小宝宝。"她现在可以允许自己扮演想象中的小孩的母亲。这项转变其实并非新的发展，而是回到更早期的原欲位置。丽塔在1—2岁之间，想获得她父亲的阴茎，并和他生小孩的渴望，因为那些与母亲有关的焦虑和罪疚受到干扰。她的正向俄狄浦斯发展中断，其神经症症状也跟着恶化。当丽塔强调她不是洋娃娃的母亲时，很清楚地指出她抗拒拥有婴儿的渴望。在焦虑及罪疚感的压力下，她无法维持女性位置，且被迫强化其男性位置，于是泰迪熊变成主要代表她所渴望的阴茎。直到对于双亲的焦虑及罪疚感减弱之后，丽塔才得以容许自己渴望由父亲那里获得一个小孩，也得以在俄狄浦斯情境中再次建立起对于母亲的认同。

理 论 总 结

（a）两性俄狄浦斯情结的早期阶段

我在本文中所呈现的两则案例的临床素材，虽然有许多不一样的地方，但仍有许多重要的相同方面，例如强烈的口腔施虐冲动、过分的焦虑与罪疚感，以及都缺乏一个可以容忍压力的强壮自我。根据我的经验，当以上这些因素与外界环境互动时，会阻碍"自我"逐渐建立起用来对抗焦虑的适当防御机制，使得儿童难以修通早期的焦虑情境，进而阻挠其情绪发展、原欲发展以及自我发展。由于焦虑与罪疚感太激烈，小孩会过分固着在原欲组织的早期阶段，这种互动的结果，也会使小孩退化到这些早期阶段，进而干扰了俄狄浦斯的发展，性器期的组织也无法安稳地建立起来。本文所提到的两个案例及其他案例显示，当这些早期焦虑被削弱之后，俄狄浦斯情结就开始顺着正常脉络发展了。

我在这两则简短的案例中，多少已经描绘了焦虑及罪疚感对俄狄浦斯发展的影响。我对俄狄浦斯发展的某些方面，所综合出来的以下理论，皆来自我对儿童与成人的诸多分析案例，包括一般的个案到非常严重的病患。

要完整描述俄狄浦斯发展，必须讨论每个阶段的外在环境影响与经验，以及它们对于整个儿童时期的影响。我刻意省略了对于许多冗长的外在因素的讨论，是为了能更突显一些最重要的议题。*

我的经验让我相信，自生命的肇始，"原欲"和"攻击"就紧密相连，且每一阶段的原欲发展皆深受来自攻击所引发的焦虑所影响。焦虑、罪疚感以及抑郁的感觉，有时会驱使原欲去追寻新的满足，有时则会通过强化对于早期客体和目标的固着，而阻碍原欲发展。

和晚期的俄狄浦斯情结比较起来，早期阶段所呈现的样貌必然是比较模糊的，这乃因婴儿的自我尚未成熟，完全受潜意识幻想左右，而且其本能生活也正处于最多变的时期。这些早期阶段的特征是，个体会在诸多不同的客体和目标之间快速摆荡，其防御的本质也会跟着摆荡。我认为俄狄浦斯情结在生命的第一年就已开始，在两性身上都依循相当类似的路线发展。婴儿和母亲乳房的关系，是决定婴儿的整个情绪发展及性发展的最主要因素之一。因此我将以婴儿与乳房的关系作为出发点，说明两性俄狄浦斯情结的开端。

---

* 这篇总结的主要目的在于清楚地呈现我对于俄狄浦斯情结某些层面的观点。我也试图将我的结论与弗洛伊德对于这个主题的一些论述进行比较。因此我不可能同时引用其他作者，或论及与本题有关的大量文献。但对于女孩的俄狄浦斯情结，我想提醒读者在我的书《儿童的精神分析》(*The Psycho-Analysis of Children*, 1932) 第六章中，我指出了多位作者对于这个主题的一些观点。

寻求新的满足目标，似乎是原欲向前发展的本能。经由在母亲乳房所获得的满足，婴儿将欲望转向新的客体，而最早的新客体是他父亲的阴茎。而婴儿在乳房关系上所遭受到的挫折，会激发强化这个新的欲求。我们必须谨记，挫折同时来自内在因素及真实的经验。从乳房而来的挫折是无法避免的，甚至在十分良好的情况下，婴儿也难免会挫折，因为婴儿所希冀的是一种对满足永无止境的奢求。在母亲乳房上所经验到的挫折，会驱使男孩及女孩放弃它，转而向父亲的阴茎寻求口腔的满足，因此乳房和阴茎成了婴儿口腔欲望的原始客体。*

从一开始，欲望受挫及欲望满足就决定性地影响了婴儿与乳房的关系，不论是所爱的好乳房，还是他所怨恨的坏乳房。面对挫折及接踵而来的攻击的需要，是导致婴儿将好乳房及好母亲理想化的因素之一，其结果则相对地强化了对于坏乳房及坏母亲的恨与害怕。所以坏乳房及坏母亲就成了"迫害客体"和令人害怕的客体的原型。

对于母亲乳房的爱恨交织，延续到儿童与父亲阴茎的关系上。因为早期关系的挫折，增强了儿童对于新关系的需求和期望，也刺激了儿童对于新客体的爱。对于新关系无法避免的失落感，让儿童又将欲求转回第一个客体，也因此导致儿童的情绪态度以及原欲结构的各个发展阶段都不稳定且变化多端。

此外，攻击冲动因受挫折刺激而强化，在小孩的心智中，攻击幻想的牺牲者，刹那间变成受伤及会报复的人物，小孩认为他们会用他幻想中对父母施虐的方式来对他进行施虐攻击并威胁他。** 这种幻想的结果，

---

* 谈到婴儿与母亲乳房及父亲阴茎的基本关系，及继之而起的焦虑情境和防御时，我所指的不只是婴儿与部分客体（part-objects）的关系。事实上在婴儿的心智中这些部分客体从一开始即与其母亲和父亲紧密相连。婴儿与父母亲的日常生活经验，以及与内在客体（inner objects）的潜意识关系，越来越环绕着这些原始的部分客体，且在小孩的潜意识中愈显重要。

** 我们必须承认以成人的语言表达小孩的感觉及幻想的困难。因此，对于早期潜意识幻想，乃至于所有潜意识幻想的描述，都只能被视为对于这些幻想内容的讨论，而非对于幻想形式的讨论。

使小孩觉得他们需要一位爱及被爱的客体，即一位完美的理想化客体，这些客体可以同时满足他对于协助与安全感的渴求。因此每一个客体在某些时候是可爱的，在某些时候则是可恶的。对于这些早期客体影像不同方面的转换，皆隐含着他与早期发展阶段中"正向"及"反向"俄狄浦斯情结的亲密互动。

在口腔原欲的主导之下，婴儿从生命之初就会内摄各种客体，这样的"原始客体影像（primary imagos）"在孩子的内在世界中，有其独特的一面。对于母亲乳房及父亲阴茎的影像，在自我（ego）中被建立起来，并形成超我的核心。对好乳房、坏乳房及母亲的内摄，与对好阴茎、坏阴茎及父亲的内摄相呼应。它们成了儿童心智中的第一个表征，一方面该表征是具有保护作用及有助益的内在人物，但另一方面，它也是一位会报复及迫害他人的内在人物，这样的人物是自我发展中的最初认同。

儿童与内在客体的关系，会以多种方式跟小孩与外在父母亲之间的爱恨交织关系交互作用。当儿童内摄外在客体时，也会将内在客体投射到外在世界，这样的交互作用影响了儿童与实际父母的关系，以及儿童超我的发展。这种向内与向外的互动结果，使儿童在内外在客体和情境中来回波动。这些波动与原欲不断更换的目标及对象有关，因此俄狄浦斯情结的演变过程也跟超我的发展息息相关。

性器欲望纵然仍受口腔、尿道及肛门原欲的影响，但很快会与儿童的口腔冲动混合。早期的性器欲望及口腔欲望的对象皆为父母亲。这种说法恰与我的假设不谋而合，即男孩与女孩皆对于阴茎及阴道的存在有着先天的潜意识知识。对于男婴而言，在乳房等于阴茎的公式之下，性器感觉（genital sensation）让他预期父亲拥有一具男孩所渴求的阴茎。同时他的性器感官和冲动也隐含着寻求一个可以被阴茎插入的开口，即在他母亲身上找到一处可以被阴茎插入的地方。女婴的性器感觉则是渴望接纳父亲的阴茎进入其阴道。因此对于父亲阴茎的性器渴望，加上口腔欲望，是女孩正向俄狄浦斯情结及男孩反向俄狄浦斯情结早期阶段的基础。

原欲发展过程中的每个阶段都受到焦虑、罪疚感及抑郁的影响。在以前的两篇文章中我一再强调婴儿期的抑郁位置是早期发展的核心。我现在想提出下列论点：婴儿期的抑郁感觉，也就是儿童担心由于自己的恨与攻击而失去所爱之客体，这种焦虑从一开始便影响了儿童的客体关系与俄狄浦斯情结。

焦虑、罪疚及抑郁感觉的必然产物是渴望修复（reparation）。由于罪疚感的驱使，婴儿会强烈地想通过原欲的工具（libidinal mean），修复其因施虐冲动所造成的伤害，因此与攻击冲动并存的爱的感觉，也会因修复的驱力而强化。"修复幻想"经常与"施虐幻想"是一体的两面，所以"施虐全能感（sadistic omnipotence）"也与"修复全能感（reparative omnipotence）"相呼应。例如尿和粪便等排泄物在小孩生气的时候常被当作攻击毁灭的武器，而当他高兴、喜欢的时候又被当成礼物。但当小孩感到罪疚而促使他想修复时，"好的"排泄物在其心智中，变成了可用来修复被他那"危险的"粪便所造成的伤害的工具。男孩和女孩虽然方式不同，但是都在他们的施虐幻想中，觉得阴茎已经伤害并成功地摧毁了母亲，这阴茎在"修复幻想"中，则成了修复与治疗母亲的工具。如此，给予并得到"原欲满足（libidinal gratification）"，这一渴望便被"修复"的驱力强化了。婴儿借此觉得那已经被伤害的客体得以被重建，他的攻击冲动也随之减弱，其爱的冲动因而得以自由驰骋，其罪疚感也随之获得缓解。

因此原欲发展过程的每一阶段，皆被修复的驱力及其背后的罪疚感所激发和强化。但是，另一方面罪疚感也会危及修复驱力并抑制"原欲渴望"。因为当小孩感到他的攻击占优势时，就会觉得"原欲渴望"会危害其所爱的客体，因此必须被压抑。

（b）男孩的俄狄浦斯发展

我已经大致描述两性俄狄浦斯情结的早期发展阶段，接下来我将特别讨论男孩的发展。男孩的女性位置——深刻影响着他对两性的态度——主要是由口腔、尿道、肛门冲动所主导，它与男孩和其母亲乳房的关系有关。若男孩可以将一部分对于母亲乳房的爱与原欲渴望，转向父亲的阴茎，同时也保留乳房是好客体的印象，那么父亲的阴茎在他心智中就会是好的、有创造力的器官，它可以给予男孩"原欲满足（libidinal gratification）"及创生小孩，如同父亲阴茎给他母亲小孩一样。这些女性位置的欲望，是男孩发展中天生的特征。它们是男孩"反向俄狄浦斯情结（inverted Oedipus complex）"的根源，也是构成他最初同性恋位置的要素。能一再肯定父亲阴茎是好的、富有创造力的器官，是使男孩发展出正向俄狄浦斯情结的前提。只有当男孩能相当程度地信任男性性器的"好"，包括他自己与他父亲的性器，才能允许自己感受对母亲的性欲欲望。当他通过信任"好父亲"，而减缓对于"阉割者父亲（castrating father）"的恐惧后，才能真正面对他在俄狄浦斯情结中对于父亲的憎恨与竞争。如此，反向和正向俄狄浦斯倾向同时发展，且彼此紧密交互作用。

我们有很好的理由可以假设，当性器知觉被感受到时，阉割焦虑就被启动了。根据弗洛伊德的论点，男孩的阉割恐惧起于害怕自己的性器被攻击、伤害或移除。我认为男孩最初是在口腔原欲主导时经验到这个焦虑。男孩将对于母亲乳房的"口腔施虐冲动"，转移到他父亲的阴茎。此外，早期俄狄浦斯情境中的竞争与憎恨，会使男孩产生想将父亲阴茎咬断的渴望。这会使他恐惧父亲会为了报复他而将自己的阴茎给咬断。

阉割焦虑的原因包括许多来自不同源头的早期焦虑。男孩对于母亲的性器渴望，从一开始就因为他对于母亲身体的口腔、尿道与肛门攻击幻想，而充满（幻想中的）危险。男孩觉得母亲的内在被伤害、被毒害、也是有毒的。在幻想中，他认为她里面涵容了父亲的阴茎，由于自己对于父亲阴茎的施虐攻击欲望，使他认为母亲里面的父亲阴茎既是敌意的，亦会阉割他，同时会威胁摧毁他自己的阴茎。

对于母亲"内在"的恐怖看法（这种看法与他将母亲视为全善与欲望满足之源有关），与他对于自己"内在"的害怕一致。其中最主要的焦虑是婴儿害怕危险的母亲、父亲，或联合起来的父母亲，会为了报复自己的攻击冲动，而攻击自己的内在。这些被害焦虑，关键性地影响男孩对于自己阴茎的焦虑。内化的迫害者对他"里面"所加诸的所有伤害，都被视为对于他的阴茎的攻击，因此他惧怕他的阴茎会从里面被切断、下毒或吞噬。然而他想捍卫的不只是他的阴茎，还有他身体内的好东西，包括好的粪便、尿液、他在女性位置中所渴望怀有的婴儿，以及借由认同好的和有创意的父亲，而在男性位置中想创生的婴儿。他也觉得势必保护及保留他在内摄这些迫害者的同时内摄进来的爱的客体。由此看来，害怕他所爱的客体受到内在攻击的焦虑，与阉割焦虑密切相关，也增强了阉割焦虑。

另一种造成阉割恐惧的焦虑来自他会在施虐幻想中，幻想自己的排泄物变成有毒及危险的东西。在其心智中，他的阴茎，由于被对等于这些危险的粪便，而充满了不好的尿，因此在他的性交幻想中变成了摧毁的器官。另外，通过认同坏父亲，他坚信自己涵容了父亲的坏阴茎，而使焦虑更强化了。当这种认同被强化时，他觉得自己与坏的内在父亲联盟，一起对抗母亲。其结果是减弱了男孩对于自己性器官的创造力与修复能力的信任，他觉得自己的攻击冲动被增强，因此他与母亲的性交将是残酷及具破坏力的。

这种特质的焦虑对他有重大的影响，导致他产生阉割焦虑，压抑性器欲望，以及退化到早期阶段。若这几种恐惧太激烈，且压抑性器欲望的张力太猛烈，将来必然会有性无能的问题。在一般情况下，男孩的这些害怕，会因将母亲身体视为全善之源（能提供好的乳汁及婴儿），以及通过内摄爱的客体而消失。当他被爱的冲动主导时，小男孩认为自己身体的产物和内容都具有礼物的含义，他的阴茎成了让母亲满足并能赐予母亲小孩的工具，也是修复的工具。倘若小男孩觉得自己涵容了母亲的好乳房与父亲的好阴茎，则会更相信自己，并更能放任自己的冲动和欲望。经由认同好父亲并与之联合，小男孩觉得自己具有修复及创造的特质。这些情绪及幻想使他足以面对阉割焦虑，且能更稳定地建立起性器位置。这也是性能力得以升华的先决条件，这种升华能力对于孩子的活动与兴趣有很重要的影响力，也是晚期拥有性能力的基础。

（c）女孩的俄狄浦斯发展

我已经说明了女孩的俄狄浦斯发展与男孩发展相同的部分，在此，我仅提出女孩俄狄浦斯情结中一些特有的重要特征。

当女婴对于其性器官所拥有的接受特质的性器知觉变得强烈时，她对于接受阴茎的渴望也随之上升。[*] 同时她也有潜意识的知识，知道自己的身体里涵容了潜在的小孩，而这些"潜在小孩"是她最珍贵的拥有。父亲的阴茎能够给予小孩，因此被对等于小孩，它成为小女孩最渴望与爱慕的客体。小女孩将阴茎视为快乐及好礼物的来源，与这种阴茎的关系，经由与好乳房的爱及感恩的关系，而被强化了。

小女孩除拥有涵容潜在小孩的潜意识知识之外，相对地她对于自己未来是否能生小孩则非常质疑。她认为在许多方面都比不上母亲。在小孩的幻想中，母亲身上满溢着不可思议的力量，因为所有的好东西都能从她的乳房不断地涌出，更何况她还涵容了父亲的阴茎跟婴儿。相对于小男孩，因为拥有可与父亲相比较的阴茎，使他觉得可以有性能力，然而小女孩却没有任何工具得以确保她未来的生育力。除此之外，对于她身体里面的东西的焦虑，更加深了她的质疑。这些焦虑强化了

---

[*] 分析小小孩的经验让我确信，小孩的潜意识中确实有阴道的意识。事实上，儿童期的阴道自慰比我们想象的还频繁，许多作者也确信了这一点。

她想剥夺其母亲身体里的小孩以及母亲体内的父亲阴茎的冲动。这种冲动常常会反噬，使她更害怕自己内在的"好东西"，会被想企图报复她的那位外在或内在母亲所攻击甚至偷走。

以上这些因素也会发生在男孩身上，可是由于女孩的性器发展核心，在于接受父亲阴茎的女性欲望，且她潜意识中最关心的是她想象中潜在的婴儿，这些都是女孩发展独有的特征。因此，女孩的幻想及情绪主要环绕在她的内在世界和内在客体。她的俄狄浦斯竞争，主要表现在她想夺走母亲身体内的父亲阴茎和小孩的冲动；她害怕会报复她的母亲将攻击她的身体并伤害甚至夺走她内在的好客体，这是导致女孩焦虑的主要来源。我认为这是使女孩感到最焦虑的情境。

再者，就男孩而言，对于母亲的嫉羡（认为母亲里面涵容了父亲的阴茎及婴儿）是反向俄狄浦斯情结中的元素之一；但是对于女孩而言，这却是正向俄狄浦斯情境的一部分。对于母亲的嫉羡，在女孩一生的性发展与情绪发展中都是最关键的因素，它深深地影响女孩对母亲在与父亲的性关系中的角色，以及母亲所扮演的母性角色的认同。

女孩渴望拥有阴茎，并且成为男生，是双性特质的表现，如同男孩渴望成为女人一样，都是先天特质。女孩最先渴望的是接受阴茎，其次才是渴望自己也能拥有阴茎。在女性特质受挫的情况，再加上正向俄狄浦斯情结中的焦虑和罪疚感的驱使，这种欲望会大为增强。女孩的阴茎钦羡多少掩饰了她想取代母亲在父亲身边的位子，并且拥有他的小孩所产生的挫折。

在此我只能稍微着墨一些与女孩超我形成有关的特殊因素。女孩的内在世界是她情绪生活中很重要的部分，她往往强烈地想用好客体填满她的内在世界。这种现象可解释她那强烈的内摄过程，而这内摄过程又因为性器的接受特质而被增强了。那被内化又爱慕的父亲阴茎，则成了超我不可或缺的一部分。她以男性位置认同父亲，而这样的认同建立在想拥有想象中的阴茎上，因此对于父亲的主要认同与内化父的阴茎有关，这项关系的根基包括她的女性及男性位置。就女性位置而言，她被性欲望与想拥有小孩的渴望所驱使，而内化父亲的阴茎，使她能完全臣服于这位她所钦佩的内在父亲。就男性位置而言，她想在她的男性化的抱负和优势上与父亲竞争。因此，她对于父亲的男性认同与她的女性态度混合在一起，如此的结合形成了女性超我的特征。

女孩超我形成中被爱慕的父亲，也和主导阉割的坏父亲相呼应，然而她的主要焦虑客体却是施加迫害的母亲。倘若内化进去的好母亲（被女孩认同的母性态度）能抵消被害焦虑，那么她与内化进去的好父亲的关系，则会被她对于父亲的母性态度所强化。

虽然女生的情绪生活被内在世界所主导，小女生在爱的渴望以及人际关系上，却都非常仰赖外在世界。不过这种不一致仅是表面的，因为她对于外在世界的依赖，是因为她需要确认她的内在世界。

(d) 与俄狄浦斯情结古典观的一些比较

我想将我的观点，与弗洛伊德对俄狄浦斯情结的一些观点加以比较，并澄清我的临床经验如何引导我与他的意见产生分歧。在关于俄狄浦斯情结的许多方面上，我的临床经验完全肯定弗洛伊德的发现，这些方面也已经多少呈现在我所描述的俄狄浦斯情境中。然而由于这个主题太庞大，使我不得不节制自己不要谈得太仔细，并且限制自己仅澄清一些意见分歧的方面。若我没记错，以下结论代表弗洛伊德对于俄狄浦斯发展中一些主要特征的结论。*

根据弗洛伊德的说法，性器欲望（genital desire）和明确的"客体选

---

* 这段摘要主要源自弗洛伊德的以下著作或文章：《自我与本我》（*The Ego and the Id*）（*S.E.* 19）、《婴儿期的性器组织》（*The Infantile Genital Organization*）（*S.E.* 19）、《俄狄浦斯情结的解决》（*The Dissolution of the Oedipus Complex*）（*S.E.* 19）、《两性生理结构的差异对于心理的影响》（*Some Psychical Consequences of the Anatomical Distinction between the Sexes*）（*S.E.* 19）、《女性的性特质》（*Female Sexuality*）（*S.E.* 21）及《精神分析引论》（*New Introductory Lectures*）（*S.E.* 22）。

择(object choice)"，发生在性蕾期(phallic phase)，大约发生在3—5岁，与俄狄浦斯情结同时发生。在此阶段"……只有一种性器，也就是男性性器，会被注意到。因此出现的，不是以性器(genital)为首位，而是以阳具(phallus)为首位"(*S.E.* **19**，p.142)。

对于男孩而言"导致摧毁阳具组织(phallic organization)的是阉割威胁"(*S.E.* **19**，p.175)。此外，超我，作为俄狄浦斯情结的后嗣，乃是内化父母权威的后果。而罪疚感则是"自我"与"超我"之间拉锯的表现。只有当超我形成之后，"罪疚"这个词才适用。弗洛伊德将男孩超我形成的重点放在内化父亲之权威。虽然他多少也承认男孩对于母亲的认同也是超我形成的因素之一，但未在此方面做更详尽的说明。

有关女孩，弗洛伊德认为女孩对于母亲的漫长"前俄狄浦斯依附(pre-Oedipal attachment)"，涵盖了她进入俄狄浦斯情境前的所有时期。弗洛伊德认定这一时期为"以母亲作为唯一依附对象的时期，可称为前俄狄浦斯期"(*S.E.* **21**，p.230)。因此，女孩在性蕾期(phallic phase)，与母亲之间的关系建立在强烈企图从她身上获得阴茎的基本渴望。阴蒂在小女孩的心中就是阴茎，因此阴蒂自慰呈现出她对于阳具的渴望。此时阴道尚未被发现，因为只有在成为女人时，它才会有作用。当女孩发现她没有阴茎时，她的阉割焦虑就会浮现出来。这时女孩会因为生气并憎恨母亲未能赐给她一个阴茎，而切断对母亲的依附。她同时又发现母亲自己也没有阴茎，因此将爱由母亲转向父亲。她起初渴望由父亲那儿获得一个阴茎，后来则希望由他那儿获得一个小孩，"也就是，小孩取代了阴茎的位置，就如同古老的象征中，婴儿等同阴茎之说"(*S.E.* **22**，p.128)。所以女孩的俄狄浦斯情结始于阉割情结。

女孩最主要的焦虑情境是失去爱，弗洛伊德认为此种失去爱的焦虑和担心母亲的死亡有关。

女孩超我的发展在许多方面异于男孩超我的发展，但他们两者有一个重要的共同特征，即超我与罪疚感都是俄狄浦斯情结的结果。

弗洛伊德认为女孩的母性感觉，来自早期前俄狄浦斯阶段时与母亲的关系，他也认为女孩对于母亲的认同，来自她的俄狄浦斯情结，却未将这两种态度相联系，亦未指出在俄狄浦斯情境中，对母亲的女性认同，如何影响女孩的俄狄浦斯情结的发展。根据弗洛伊德，当女孩的性器组织发展较成熟时，她对于母亲的认可，主要在于与阳具有关的部分。

我将简要说明我对于这些重要议题的观点。我认为女孩和男孩的情绪发展和性发展，从极早的婴儿期开始就已经包括性器知觉及性倾向。这些性器知觉及性倾向构成了反向及正向俄狄浦斯情结的最初阶段，其中以口腔原欲为主要经验，混杂了尿道及肛门欲望和幻想。这些原欲阶段从生命最初几个月开始即一直相互重叠。反向及正向俄狄浦斯倾向，从生命肇始即密切交互作用。只有在性器期主导时，正向俄狄浦斯情境才达其高峰。

根据我的观点，男女婴儿对于其父母亲皆有性器渴望，他们对于阴道及阴茎皆有潜意识知识*。因此，我认为弗洛伊德早期使用的"性器期（genital phase）"，似乎比他晚期所提出的"阳具期（phallic phase）"更为恰当。

两性的超我皆在口腔期出现。在幻想生活和冲突情绪的支配下，孩童在各个原欲组织阶段都会内摄他的客体（主要是他的父母亲），并从这些元素建立起超我。

因此，虽然超我在许多方面与孩童世界中的实际人物有关，可是它本身有许多不同的组成元素和特征，这些也反映了孩童心智中的幻想形象。所有涉及其客体关系的因素，从一开始就与超我的建立有关。

最先被内摄的客体（也就是母亲的乳房）是构成超我的基础。就像婴儿与母亲乳房的关系是最先发生的，它强烈地影响婴儿与父亲阴茎的关系，因此婴儿与内摄母亲的关系，也在许多方面影响整个超我的发

---

* 这项知识与婴儿潜意识中与（就某种程度而言）意识中，对于肛门存在的知识同时发生，它们在婴儿期的性理论中常常可以被观察到。

展。超我的许多重要特征，不管是慈爱的、有保护性的，或是摧毁的甚至吞噬的，皆衍生自超我的早期母性元素。

两性最早的罪疚感，皆来自想要吞噬母亲（原型是乳房）的口腔施虐欲望（Abraham）。因此罪疚感在婴儿期就出现。罪疚感并非在俄狄浦斯情结结束之后才开始，而是从一开始便是塑造其过程并影响其结果的因素之一。

在此我想转而讨论男孩的发展。我认为阉割焦虑在婴儿有了性器感觉时即已开始。男孩想咬断父亲阴茎的愿望，呈现他早期想阉割父亲的冲动，因此男孩早期的焦虑是，害怕自己的阴茎被咬断。这些早期的阉割焦虑一开始会因为来自不同源头的焦虑，而相形失色，其中最主要的是"内在危险情境（internal danger situations）"。愈接近性器期，男孩的阉割焦虑则愈明显。因此，我虽然完全赞同弗洛伊德所认为，**阉割焦虑是男性最主要的焦虑情境**，却无法同意他认为阉割焦虑是决定俄狄浦斯情结压抑的**唯一因素**。许多其他来自不同源头的早期焦虑，对于俄狄浦斯情境高峰期所导致的阉割焦虑，亦有重要的影响。此外，由于男孩有阉割与谋杀父亲的冲动，且视父亲为"所爱之客体"，这是男孩感到忧伤与哀悼的原因。因为就"好父亲"的方面而言，他是男孩心中不可或缺的力量之源，亦是他寻求保护和指导的最佳伙伴与理想典范，因此使男孩想留住他。可是针对父亲的攻击冲动，所引发的罪疚感，使它更想压抑其性器欲望。分析男孩及男性的经验，使我一再发现，由于爱父亲而产生的罪疚感，是构成俄狄浦斯情结的主要成分，并且深刻影响俄狄浦斯情结的结果。由于儿子与父亲的竞争，使他认为母亲也处在危险之中，而父亲的死亡对母亲而言，是一种无法弥补的丧失，这两种感觉都加强了男孩的罪疚感，并使他试图压抑自己的俄狄浦斯欲望。

根据我们的了解，弗洛伊德认为父母亲皆是男孩的欲望客体（参考他对于反向俄狄浦斯情结的观点）。其次，弗洛伊德在他的一些著作中［特别是《5岁小男孩恐惧症之分析》（*Analysis of a Phobia in a Five-*

Year-Old Boy, 1909)〕，已经考虑到男孩对于父亲的爱，在他的正向俄狄浦斯冲突中所扮演的角色。但他未能足够强调，这种爱的感觉，对于俄狄浦斯冲突的发展和解决的重要性。根据我的经验，俄狄浦斯冲突之所以减弱，不仅因为男孩害怕自己的阴茎会被寻仇的父亲摧毁，也是因为他被爱及罪疚感所驱使，而想保有父亲作为外在及内在之客体。

现在我将略述我对于女孩俄狄浦斯情结的结论。弗洛伊德曾经论及女孩以母亲为唯一依附对象的阶段，根据我的观点，应该已经包括她对于父亲的渴望，并且涵盖了反向及正向俄狄浦斯情结的早期阶段。我将此阶段视为摆荡在渴望父亲及母亲之间的时期，它跨越所有原欲位置。毋庸置疑，我深信女孩与母亲关系中的所有方面，皆深深影响了她与父亲的关系。

阴茎钦羡及阉割情结在女孩发展中，扮演非常重要的角色。然而其之所以重要，是因为被正向俄狄浦斯渴望的受挫而大幅强化了。虽然小女孩在某一发展阶段认为母亲像男生一样拥有阴茎，这个概念在女孩发展过程中的重要性，并非如弗洛伊德所强调的。根据我的经验，弗洛伊德所谓的小女孩与"阳具母亲"关系中的许多现象，都来自小女孩潜意识幻想中认定母亲涵容了她所爱慕及渴望的父亲阴茎。

女孩对于父亲阴茎的口腔欲望，掺杂了她渴望接受父亲阴茎的性器欲望。这些性器欲望意味着她渴望由父亲那儿获得小孩，这种渴望来自"阴茎＝小孩"的公式。想内化阴茎，及想由父亲获得小孩的女性欲望，必然发生在她想拥有自己阴茎的欲望之前。

我同意弗洛伊德认为女孩的主要焦虑来自害怕失去爱与害怕母亲的死，但我认为害怕自己的身体被攻击，及所爱的内在客体被摧毁，才是女孩的主要焦虑情境的主因。

结　语

通过描绘俄狄浦斯情结的面貌，我企图呈现发展阶段中某些主要方面之间的彼此相互作用。孩子的性发展与他的客体关系以及所有情绪纠结在一起，这些情绪从一开始便形成了她对于父母亲的态度。焦虑、罪疚和抑郁的感觉，皆是孩童情绪生活的基本要素，必然会渗透在孩童的早期客体关系中。这些客体关系涵盖了他与真正人物的关系，以及与孩童内在世界中的表征人物的关系。超我就从这些内摄进去的人物（通过小孩的认同）开始发展，并反过来影响他与父母亲的关系，以及整体的性发展。因此，情绪及性发展，以及客体关系和超我，从一开始便彼此互相影响。

婴儿的情绪生活，婴儿在爱、恨和罪疚感的冲突压力之下所建立起来的防御机制，以及孩童认同的不断变化，这些都是未来分析研究的主题。未来在这些主题上的研究，应能帮助我们更完整地了解人的性格，也表示我们将能对俄狄浦斯情结和性发展有更全面的认识。

参 考 文 献

Freud, S. (1909). Analysis of a phobia in a five-year-old boy. *S.E. 10,* pp.3–149.

Klein, M. (1932). *The Psychoanalysis of Children*. [Reprinted in *The Writings of Melanie Klein, 2*. London: Hogarth Press, 1975.]

―― (1975). *The Writings of Melanie Klein, 1*. London: Hogarth Press.

O'Shaughnessy, E. (1975). Explanatory Notes. In M. Klein, *The Writings of Melanie Klein, 1* (pp.436–438). London: Hogarth Press, 1975.

第二章

缺失的联结：俄狄浦斯情结中父母的性

罗纳德·布里顿

弗洛伊德自1897年发现俄狄浦斯情结以来，终其一生视此概念为其核心思想（Freud, 1897, 1924d）。梅兰妮·克莱茵亦认为俄狄浦斯是人类发展之基础。她使用"俄狄浦斯情境（Oedipal situation）"这一词，涵盖弗洛伊德所谓的"原初情景（primal scene）"，即目睹或想象父母亲之间的性关系（Klein, 1928；参考本书第一章）。

从分析孩童开始，克莱茵即对于无所不在的俄狄浦斯情境以及它在孩童生活中的重要性感到印象深刻。她认为俄狄浦斯情境的肇始比弗洛伊德所提出的时期还要早，它在孩童仍处在"部分客体关系（part object relation）"时，也就是在进入我们所熟悉的俄狄浦斯情结之前就已开始运作。在俄狄浦斯情结阶段，小孩视父母亲为完整的客体，也就是视父母亲为两个人。克莱茵认为俄狄浦斯情境肇始于婴儿幻想自己与乳房和阴茎的个别关系，以及婴儿对于这两个"部分客体（part object）"之关系的幻想。这些早期幻想影响着孩童对于父母的概念。克莱茵认为小孩对于俄狄浦斯情境的态度与关系，对于其渴望学习的动机有很大的影响。她称这种学习动机为"求知冲动（epistemophilic impulse）"。孩童对于俄狄浦斯的态度与关系，也影响着个体与外在现实的关系。

1926年她写道：

> 从很早开始，孩童即因加诸他们身上的匮乏，而逐渐了解现实，他们以拒绝承认来对抗这个现实。无论如何，小孩后来适应现实的能力，全凭其是否能容忍俄狄浦斯情境所导致的匮乏。（Klein, 1926）

以上此段话，是克莱茵在描述抑郁位置（depressive position）的十年前所写的。在此位置，孩童已能整合，并且认识与意识到在自我之外的现实世界，亦能意识到自己对于此外在世界的内在冲突。换言之，孩童开始有了外在与内在现实感，且能感知外在与内在现实的关系。自从克莱茵描述这项主要概念以来，许多证据显示，孩童了解现实及与现实建立关系的能力，全凭孩童是否能修通抑郁位置。克莱茵不断强调，俄狄浦斯情结的发展和抑郁位置的发展齐头并进，我在其他地方也谈过这两种发展的并行关系（Britton, 1985）。

能意识到父母之间的性交关系，表示开始渐渐放弃永久独霸母亲的念头，这会让孩童体验到深度的失落。若无法忍受此失落感，孩童会产生被迫害的感觉。之后，俄狄浦斯情结的遭遇（the oedipal encounter）还包括，觉悟到父母亲彼此之间的关系，是不同于父母亲与孩子之间的关系：父母的关系与性器官有关，也和繁衍子孙有关；而父母与孩子之间的关系则与此无关。这种认识会使孩童感到相当失落与嫉羡，这些感觉若未被容忍则会造成孩童的怨怼或自我诋毁。

当孩童认识到父母亲的关系时，无论这种认识的形式多么原始或不足，俄狄浦斯情境已开始在孩童的生命中萌芽。这个情境由于孩童为了夺取父母亲之一，而与另一位父母互相竞争，而持续不断，直到孩童接受父母亲之间性关系的现实，而放弃对于父亲或母亲的性欲望时，才能解决。

第二章 缺失的联结：俄狄浦斯情结中父母的性

在本章中，我想阐述一个观点：若孩童尚未与母性客体建立安全依附关系，就介入父母亲的关系，则俄狄浦斯情境在分析中只能以原始的形式（primitive form）呈现，而无法立刻被辨识为古典俄狄浦斯情结。本章第一部分，我将描述能阐释这种情形的病人。

通常较不严重的病患想逃避的是对于俄狄浦斯客体的断念。个体在心智中制造了"错觉式俄狄浦斯组态（illusional oedipal configuration）"，并且以此作为防御组织，否认父母关系这个"心理现实（psychic reality）"。我强调这是对抗"心理现实"的防御，因为这些防御式的幻想是为了避免既知的现实，以及避免已经存在的幻想之出现而组成的。虽然父母亲的关系已经被意识到，但被我所谓的"俄狄浦斯错觉（Oedipal illusion）"所否认和防御。这些错觉式的系统（illusional system）陈述了弗洛伊德所谓的一种……

> 领域……当现实原则进入时，与真实的外在世界隔离……不受生命的严苛要求，像一个保留区（Freud, 1924e）。

在同一段文字中，他描述在心智中创造这种领域的人，他——

> 赋予现实一个特别重要的、神秘的意义，这现实不同于他所对抗防御的现实。

在本章第二部分，我将讨论展现了"俄狄浦斯错觉"的案例。

不同于"俄狄浦斯错觉"的固定性，"俄狄浦斯竞争（oedipal rivalry）"，不管是正向／积极（异性恋）或反向／消极（同性恋），皆提供了修通抑郁位置的管道。不论是正向或反向，父母亲之一是个体所渴望的客体（object of desire），另一位则是个体所憎恨的竞争对手。这种组态虽然被保留了，但是面对父母的感觉却变化无常，它会随着正反向的变化，由好变坏，或由坏变好。我的论点是，这种变化的无常，借由完全接受父母亲之间的性关系、了解他们之间在生理上的差异以及孩童的独特天性而停止。这个过程包括个体意识到在一时间所渴望的俄狄浦斯客体，在另一时间则会变成所憎恨的竞争对手。

当小孩认识了父母亲之间的关系之后，将自己的心理世界联结起来，世界在他眼中只有一个，即一个与父母亲共同分享的世界，在这个世界中，不同的客体关系可以相互共存。借由认识父母之间的联结，完成俄狄浦斯三角，也为内在世界提供一个有限的界线。它创造了一个我所谓的"三角空间（triangular space）"，意指，由俄狄浦斯情境中的三个人，及其潜在关系所围起来的空间。它包括在一个关系中作为参与者，被第三者观察，以及作为观察者，去观察另外两人之间的关系。

为了澄清这点，我们必须注意，所有被观察及被想象的事件，皆发生于一个连续的时空世界（Ray, 1979），这个世界由俄狄浦斯组态而赋予结构。能够正视一个好的父母关系之能力，使个体得以发展出一个"外在于自己的空间（a space outside the self）"，这个空间使个体得以被观察、被思考，也提供了使个体确信活在一个安全的、稳定的世界之基础。

原始家庭三角，为小孩提供了两种联结和一项挑战：两种联结指的是分别与两位父母亲的联结；而挑战则是，能真正面对因为父母亲的联结而（自己）被排除在外的事实。父母亲之间的联结，最初是依据原始部分客体（primitive part-object）的方式被想象，这个想象与婴儿口腔、肛门和性器的欲望，以及其表现在口腔、肛门和性器的恨有关。若孩童的心智中可以容忍对于双亲之间的联结，所产生的爱恨交织，则孩童将能拥有第三种建立客体关系的原型（prototype）。在这样的关系中，孩童变成一位目睹者，而非参与者。第三个位置（the third position）方能出现，在此位置中，客体关系方可被观察到。也只有在此情况下，我们才能正视被观察之事实。在这个位置之中我们才具有观看自己与别人互动的能力，并且使我们在欣赏别人的意见之余，同时也能拥有自己的意见，能够反省自己，同时成为自己。我们期盼这是在分析中，我们自己及病人都能具备的能力。任何治疗过边缘人格患者的人，应该可以了解我所说的。有些时候会让人觉得这是一项不可能的任务，然而也就是在这些时刻，我们才得以了解，缺乏那第三位置所蕴含的意义。

呈现原始俄狄浦斯情境困难的患者

我一直对于那些在第一次会谈中呈现俄狄浦斯情境困难的患者的分析印象深刻。以下描述是对几位这类个案的汇总。

在跟这些病人分析的早期，我几乎无法意识到，原来我和他们之间的沟通障碍与俄狄浦斯情结有关。之后我越来越清楚，他们缺少我之前所谓的"第三个位置"。在他们最私下的想法中，无法容纳我和其他人的关系，也无法容忍发现，我（I）和我自己（myself）在沟通（思考）关于他们的事。

我渐渐了解，他们无法容许自己思考"父母性交"这个观念，因为他们认为那是一个灾难。而我与第三者的沟通，对他们而言是根本无法想象的事，因此我所谓的"第三个位置"是无法获得的。

我觉得似乎毫无能力使我自己从牵扯不清的互动中解套，以便了解到底发生了什么事。在分析的早期，我发现我的任何会被另一个人称之为客观的举动，是无法被容忍的。我们只能在一条直线上移动，并且只能在一个固定的点上会面，不能做任何横向的移动。我们只有通过拉长彼此之间的距离，来制造空间感。这种拉长距离的过程，除非由他们主导，否则无法被容忍。我觉得我迫切需要在我心智中制造一个空间，让我可以在里面，由旁边观看整个事件。若我强迫自己以分析的态度，通过描述他们的状况，尝试进入如此一个位置时，他们就会变得很暴力，甚至出现肢体暴力，或大吼大叫。有一个个案大叫道："停止那些烦人的想法！"我渐渐了解，当我尝试向"分析式的我（analytic self）"寻找咨询时，会被他们侦查到，并且会被他们体会成，我正与我自己的内在性交，就像父母亲之间的性交一样。他们觉得这会威胁到他们的生存。当我将心智转移到别的地方时，这种情境不是那么原始（Primitive），他们就会觉得我在心智中，排除了对他们的经验。我发现唯一可以找到有助于自己思考的空间，而且不造成太多破坏的方式，是让我自己的经验在我里面运作，并且**与自己的经验沟通**，同时告诉他们，**我如何了解他们的看法**。如此的改变使得可能性变大了，且我的病人们也可以开始思考。所以，只有对于父母性交的认识不是通过强迫的方式让小孩接受，父母亲才能被允许有性交关系。若被迫接受，则感觉像是从内在和外在，阉割小孩跟母亲的关系。

为了理解这种临床情境，我参照了比昂的"涵容者及被涵容（container and contained）"的概念，以及克莱茵的"早期俄狄浦斯情境"理论。比昂（1959）认为对于那些得不到母性涵容（maternal containment）的人，会在他们内在发展出一种"破坏式的嫉羡超我（destructive envious superego）"，这种超我阻止他们向客体学习或追求有助益的客体关系。他强调若母亲无法吸收小孩的投射，则会被小孩经验成母亲对于他想跟她（作为他的好客体）沟通和建立联结的攻击。

借由分裂母亲的"无法渗透性（impermeability）"，才能重新获得"好的母性客体概念"。小孩感到敌意势力的存在，这个敌意势力切断了他跟母亲之间的"好联结"。母亲的"好"现在变成不可靠的，它取决于小孩对于母亲的认识的限制。发展所带来的对母亲的认识的扩充，以及他的好奇，被感知为对这一重要关系的威胁。"好奇"也揭示了俄狄浦斯情境的存在。这在每一个孩童的发展中，一再挑战他对于"好母亲"的信仰。孩童对于承认好母亲的形象感到抗拒，这是正常的。孩童心中有了不可靠的母亲形象，当他对母亲的认识更加深入时，已经使孩童感到被威胁，那么承认她和父亲的关系，会带来更大的威胁，甚至被认为是大难临头。这一发现所带来的愤怒与敌意，威胁着孩童心智中对于世界上存有着好客体的信仰。这种被认为已经攻击了他与母亲之间原始联结的敌意，被孩童具象化成俄狄浦斯父亲，因此父母亲之间的联结，使孩童将母亲的形象扭曲想象成一个失去涵容能力的死亡母亲。孩童与好母性客体的原始联结，是生命之源，因此，当它被威胁时，生命也感到被威胁。

因此，对于某些人格而言，认识到父母性交这一事实，被感知为对生命的威胁。当与原初情景（primal scene）有关的情绪在移情中出现时，他们会感到恐慌并且害怕会突然暴毙。他们也觉得对俄狄浦斯情境的更多了解，会带来心智的灾难。

如同克莱茵（1946）与比昂（1956）所指出的，当面对俄狄浦斯情境时，精神病患者麻痹自己的心智，使自己没有知觉。精神分裂症患者因其心智器官是碎裂的，而无法思考。我所描绘的病人，显然借由猛烈地隔离自己的心思，保留了许多东西，因此心智中有些部分被排除在知识之外，只有经由精神病式的崩解或是精神分析才会出现。

在他们里面有一个"婴儿的自我（infantile self）"，除了一个理想化的乳房以及一个被害的情境，其余一概不知。那位迫害者是一位盘旋在旁的男人，他们担心他会抢走"好母亲"，且担心他们会被留下来跟这个男人单独相处。分析中的任何干扰以及"好经验"之延续的中断，皆被认为是被敌对的客体猛烈攻击的结果。有时我被视为是那敌意的客体，有时则被认为是被攻击者。我通过我的病人攻击我的方式，意识到它的存在。当分析开始有进展，且我们之间的沟通变得比较可能时，他们的内在情境则变得越来越清晰。他们的内在涵容了一个敌意的客体，或是部分的自己跟一个敌意的客体融合，导致他们想跟我沟通的尝试受到干扰。有时这会控制他们的语言能力，让他们无法言说。有时他们只能悄悄地说话，或以断裂的词句表达。若我能经由我对他们一点点的了解，证明我真的很想了解他们，他们的沟通能力则会恢复。我渐渐理解到，有一个常常重复的程序是，他们必须先有一个被我纳进来的经验，之后才能允许我以好的母性客体重回他们的心智中，并与他们交谈，否则我就会变成所谓的"错误的人（wrong person）"。

这个"错误的人"看起来像是个"正确"的人，唯一不同的是"错误的人"跟父亲有联结。他们会一直害怕这两位已经被清楚区分的人物，会再次混淆在一起。最大的焦虑是想到那理想化的母亲竟然与父亲结合。在移情中，他们害怕我跟他们之间关系的不同面向，会变得无法区分。我的某些功能被认为是好的，其他的则是可恶的，例如，我的离开。在其心智中他们将这两种功能区分开来，如同它们是不同的移情人物般。有时个案会惊慌地说："不要成为一种东西。"我从这些病患身上学到区分"整合（integration）"与"许多元素的融合（fusion of elements）"的重要性。"整合"是修通抑郁位置的工具，而许多元素的融合则是一些尚未稳定、且在特质与特性上尚未区分的元素的结合，这种结合会带来混乱。

如果任何趋向早熟整合所带来的压力，被认为是从我而来的，则会激起强大的焦虑，以及猛烈拒绝，或是悲惨的受虐式委顺。后者的反应来自对于施虐父亲委顺的幻想，且被我的病人们视为严重违反道德伦常，可是却又深深被它所吸引。它提供了位置倒错的满足，同时逃避了对于联合父母的幻想。

他认为我不该成为"一种东西"，即同时拥有母性及父性认同的畸形混合怪物。这个混合怪物，在表面上是一位充满爱的母性人物，可是在她里面有与她本性相反的特质，这些特质的存在使她表面的所有好特质，变成靠不住的。我总是想起被魔鬼附身的情境，即魔鬼将无形的邪恶混在附身的所有人格里面。对于这个形象的害怕是因为其相互排斥的特质。有一个病人称它为"不自然（unnatural）"，并且在移情中把我当成这种怪物，于是觉得是一场灾难，因为它不只摧毁了所有的好特质，还包括所有之前建立起来的意义。

这种忧虑跟克莱茵的论点吻合。克莱茵认为孩童因为想象父母在永远的性交中结合在一起的被害幻想，而对于"结合客体（combined object）"感到害怕。我可以说我的病人们有一个"婴儿式幻想（infantile phantasy）"，在此幻想中，父亲的本质如此有力，乃至可以成功入侵其母亲的身份，并使她的"好"或母性的"好"恶化或腐败，这些"好"，虽然早熟地被理想化，却是唯一的"好概念"。总是令我印象深刻的是，对于这样的病人而言，不只是"好"的存在受到威胁，而是整个好的概念危在旦夕。

我不打算在此细谈病人的特质和其生活情境中的哪些因素使她无法克服俄狄浦斯情境的早期阶段。我仅想说，我认为初期母性涵容（maternal containment）的失误，使俄狄浦斯情结的调整变成不可能。

我想指出病人信念中的灾难与俄狄浦斯情境的发生有关，因此她必须以暴烈式的"分裂（slitting）"防止它发生。其结果是，心智的内在分隔（internal division），然而其最终目标是为了分开其父母客体，以此避免他们的联合。

外在现实对于这类幻想或有正向的修饰作用，或使个体感到担忧，它还可能提供形成心理结构的素材，这些心理结构意在防止识别俄狄浦斯情境。病人的家庭情境使他们能够建构一个自己以及客体的内在组织，这些客体是未加整合的不同部分。

例如有一位病人，她与外在世界的人际关系建基于她与兄弟姐妹的关系，这些关系没有太多需求、很理性。就内在而言，她有一个"自我（self）"与被理想化的母亲在爱中结合，另一个自我，则与父亲结盟，这父亲是反"母爱"的缩影。这两个自我之间的联结缺失了，就如同两个内在父母之间的联结也缺失了。

当这两个"自我"出现时，其共同点是，憎恨父母亲为彼此相爱的配偶关系，并担心他们是凶暴的配偶。

在漫长艰辛的疗程后，病人渐渐重新找回被投射出去的"部分自我"，也终能接受配偶之间能够并且愿意愉悦地结合在一起的想法。可是当嫉羡和忌妒爆发时，则又会出现新的困难，这些情绪是如此难以忍受，以至感觉起来几乎像是纯粹的"心灵之痛（psychic pain）"。

我将区分这些病患与我在本章陈述的一些其他病患之间的差异。我认为，就病因而言，最主要的差异在于，这些病患在正式进入俄狄浦斯情结之变迁之前，未能稳妥地建立起"好的母性客体"。

俄狄浦斯幻觉

如同前面简短提过的，相较于用我前段所述之幻觉发展的原始方式摧毁父母关系，俄狄浦斯幻觉在发展进程上是比较晚期的现象。当这种幻觉占上风时，父母之间的关系可被感知到，但其重要性被规避了，而其展示的"父母关系"与"父母—小孩关系"之差异的本质也被否认了。

这种"错觉"使个体得以逃避俄狄浦斯情境幻想这一"心理现实"。我发现这些案例通常觉得被父母的耀武扬威无尽地羞辱，或是觉得被暴露在父母性交的灾难中。后者或是将性交视为恐怖的、施虐－受虐式的、残害性的，或是抑郁地将它想象成在毁坏世界中坏掉了的配偶。然而，当这些错觉因规避了潜在的情境而永远存在，俄狄浦斯情结就无法通过正常的竞争和放手过程被解决。

我认为在正常发展中，这些错觉会经常而短暂地出现，它会产生分析中常见的错觉与幻灭的循环。但是，有些人的俄狄浦斯错觉组织得如此牢不可破，使情结无法解决，也无法在分析中完整发展出相对的移情。

这些幻觉通常是意识中（或几乎可以被意识到）真实生活情境的脚本。例如，我在督导中曾经听过一位女性个案。她是一位音乐家，在和其音乐指导老师的专业关系中，她秘密地许可自己和他发生婚外情。有次在分析中，她对于分析师的想法，也弥漫着同样的性兴奋，并且坚信她终究会和他结婚。

病人常常不会在分析中透露这些"欲望实现"的想法，而是如同弗洛伊德在他的文章"对于移情之爱的观察（Observations on Transference-love）"中所指出的（Freud, 1915a），病人会忽略本来的事实，而相信分析师和她之间有一个秘密的理解。相较于我之前所提到的案例，这种错觉式的特殊关系，不太会以性的形式呈现出来，但仍有性兴奋的含义。

在个案的想象中，移情错觉能够保护他免于陷入更悲惨的移情情境。这种状况使分析变得非常棘手，当它持续出现时，所有分析师的沟通，都会被病人诠释成与其错觉有关的题材。

我将描绘我所分析的一位具有这种错觉架构的男士，以及他如何害怕地以防御面对其处境。这位男士是一位难民，目前被政府机构聘认为科学家。他认为其父母亲虽然住在同一屋檐下，却过着貌合神离的生活。我后来渐渐发现，父母亲的关系的确是导致他有此错觉的主要因素之一，然而他对于他们之间关系的成见，却是一个讽刺，因为他以此作为其幻想的架构，幻想着分别与父母亲的关系。这些幻想未曾被整合，纵使它们相互抵触，却又彼此联结，如同一件事。

他将这幅图像以一种非常僵硬的方式，原原本本地转移到分析情境中。他和我太太在专业领域中有一些交会，但他从不好奇我对他们这段关系的想法。在他的心智图像中，分析师与分析师的太太好像是两个完全不相干的人。他对于分析的结果有两个想象：一是与我成为永远的伴侣，只有他和我在一起；另一个想象则是我刚好在他分析结束时死亡，他则得以和我太太结婚。

这种想法形成了复合心灵组织的基础，在此组织中，病人得以跳跃在这两个相互抵触的信念中，而不赋予任何现实感，或放弃它。当这种形式在分析中运作时，似乎有什么事即将发生，却从未发生；情绪经验好像就要出现，却从未具体化。此结果对于病人的心智运作而言，影响甚巨。虽然他非常有才华，却无法在心智中将事情整合在一起思考，导致他小时候的学习障碍，及在成人时期无法清楚地思考，并限制了他的创意。这种现象导致其情绪生活充满着不现实感，且总觉得无法被满足，使他在所有关系与工作中总有未完成的感觉。

当分析渐渐有所进展时，开始激发了他强烈的暴力幻想。起初这些暴力幻想仅出现在晚上，它们会以原始配偶（primal couple）间，凶杀式的性交显现。这些情景以不同形式充斥其梦境。当它们无法被梦境涵容时，则会在夜晚以短暂的幻觉爆发出来，在幻觉中，配偶彼此残杀。

相对地，分析工作却持续着静如止水的气氛。宁静是他的目标，而非满足，宁静地隔离被理想化。他一直认为这是分析的目标，也是分析师的愿望。他以为他的议题在于通过与分析师达成共识，来催化他与分析师之间的宁静。他的梦非常有意义，然而却被当成了将他的想法丢给我的工具，以此跟我的诠释联结，而非跟他的想法联结，或是与自己联结。这些梦很清楚地呈现出，他认为若在心智中将其父母客体放在一起，则会引燃爆炸与崩解。当我们两人的关系在治疗中产生变化时，即当我们之间的互动增加，且产生更多差异时，他开始害怕灾难就要在瞬间发生。

其中一项灾难是害怕自己会突然暴毙。尤其是，当他想到心脏快要停止跳动时，就会很恐慌。他总是期待会有爆裂的碰撞，这种忧虑以一种新的惊恐症——害怕驾驶——具体呈现出来。在这之前，他在分析中通过梦或描述日常生活，多次提到"反流畅系统（contra-flow system）"[当时，（那已是许多年前的事了），反流畅系统，是交通部的一个新政策，新闻上常报道]。我认为那是病人小心翼翼地将两个不同且对立的思路隔离的表征。分析中出现此现象，令我猜想这是否表示事情在病人的心智中，已经越来越接近彼此。之后，我的病人发展出另一种惊恐症，他认为除非有东西隔开南北车道，否则就会发生连环车祸。这样的焦虑如此强烈，以致有段时间，他完全无法开车上路。这种状况预告了移情关系的变化，也就是后来发展出来的冲突与对立的移情关系。他首次呈现对于自己内在暴力的害怕，之前都仅仅被投射到暴力的父母性交上。他在周末放假后所做的一个梦，最能传达该现象（当时他很难面对周末，也感到非常焦虑）：

> 一对夫妻正要去戏院，他就要被留在房间里跟一个危险、野蛮的男人单独相处。这个人一直被羁押、关起来，他应该穿着紧身囚衣。病人害怕这个人将会摧毁房间所有东西。光靠自己，无法跟这个人做理性沟通。这个人开口说话了，之前他像是个哑巴。后来一个机构（是病人现实工作的机构）部门的一个资深谈判者来帮助他。这位谈判者可以跟这个人沟通，但是如果这个人知道谈判者与法律有关，则会令他很愤怒。（这位谈判者在现实中跟监狱里的恐怖分子有关。）

病人对这个梦有许多自由联想，联想内容清楚地呈现，病人在生命中有一种被一个女人背叛的感觉，以及与梦有关的性方面的忌妒。自由联想也清楚地指出，这对夫妻去了一个"荒唐的剧场"。这又让他联想到，他参加过的一个辩论，当时的主题是教堂内的戏剧表演是否容许用"干"这一字眼。我认为那位被关起来、无法言说的危险人物，很清楚地，代表的是病人忌妒且野蛮的"部分自我"。这是病人在他的分析中呈现出来的新因素。是否容许"烦人的配偶（fucking couple）"在移情的"教堂"中出现的辩论，持续存在于分析中。病人的梦显示，他认为在他心智中承认幻想中的分析师是一位性配偶，是很荒唐、危险的冒险，因为这会在他内在激起猛烈的情绪反应。我诠释，我在他的梦中同时扮演谈判者及父母配偶。而让这个野蛮人暴怒的则是，俄狄浦斯情结这项法律，这项法律区分了性别及两代间的不同，这不仅激起他的忌妒（jealousy），也激起他对于父母配偶的性交关系和生产力的嫉羡（envy）。我概略述说分析这位病患的一些方面，以描绘病人认为俄狄浦斯错觉有保护某些恐惧和冲突的作用。

总　　结

俄狄浦斯情境肇始于孩童认识到父母亲之间的配偶关系时。在较严重的病态中，发展在这一点受到挫败与阻碍，且俄狄浦斯情结无法在分析中以可被轻易辨识的古典方式呈现。无法内化一个被认知的俄狄浦斯三角关系，使个体无法整合自己的观察与经验。我所描绘的第一位病患即是。我认为这是早期缺乏母性涵容的结果。

在本文第二部分，我描述了我所谓的"俄狄浦斯错觉"是一种用来抵御俄狄浦斯情境这一心理现实的防御式的幻想（defensive phantasies），我认为若这种现象持续下去，则会阻碍正常俄狄浦斯情结的修通，这种修通是与父母之一竞争与放手的结果。

最后，我想说明我对于正常俄狄浦斯情结之发展的观点。它开始于小孩认识到父母亲关系的本质，以及小孩对于它（父母亲的关系）的幻想。在俄狄浦斯神话中，俄狄浦斯婴儿被母亲弃置于山郊野外，这是一个悲剧的幻想：孩童被置于山郊野外，任凭死亡，而父母亲却在床上享受鱼水之欢。这个情结继续展开成，小孩与父母之一竞争，并想完全拥有另外一位父母。我们可以在神话中看到这个情结：父子在路上相遇，雷厄斯（Laius）王挡在路上，表征父亲阻碍了孩童渴想由母亲的性器官，再次进入她内的渴望。这是我所谓的俄狄浦斯情结的心理现实，也就是孩童在想象中，害怕他自己或父母的死亡。

我所谓的俄狄浦斯错觉是防御式的幻想，它的目的在于排除这些心理现实。神话中，我们可以看到的俄狄浦斯幻觉是俄狄浦斯和其太太／母亲坐在宝座上，被朝臣所包围，就如同约翰·史坦纳所说的"睁一只眼，闭一只眼"，也像童话中国王的新衣，大家都选择忽视它（Steiner, 1985），这是我所谓的俄狄浦斯幻觉。当错觉驾驭一切时，好奇被认为会带来大灾难。在悲剧型的俄狄浦斯情结幻想中,俄狄浦斯三角的被发现,被感知为配偶之死:养育配偶(nursing couple)或父母配偶(parental couple)之死。在此幻想中,第三者的来临总是会谋杀两人关系。

我认为我们在生活中的某些时刻,皆有过这种想法。对某些人而言,它变成一种信念,当它发生时,则会导致严重的心理障碍。我认为只有通过哀悼这失去的唯一关系,才能认识俄狄浦斯三角关系并不会导致一个关系的死亡,它只会造成对于一个关系的想法的死亡。

参 考 文 献

Bion, W. R. (1956). Development of schizophrenic thought. *Int. J. Psycho-Anal., 37,* 344-346. [Reprinted in *Second Thoughts.* London: Heinemann, 1967.1 (1959).

Bion, W. R. (1959). Attacks on linking. In *Second Thoughts.* London: Heinemann, 1967 (pp.93-109).

Britton, R. S. (1985). The Oedipus complex and the depressive position. Sigmund Freud House Bulletin, Vienna, 9, 7-12.

Freud, S. (1897). Letter 71. Extracts from the Fliess Papers. *S.E. 1* (pp.263-266).

Freud, S. (1915a). Observations on transference-love. *S.E. 12* (pp.157-171).

Freud, S. (1924d). The dissolution of the Oedipus complex. *S.E. 19* (pp.171-179).

Freud, S. (1924e). The loss of reality in neurosis and psychosis. *S.E. 19* (pp.183-187).

Klein, M. (1926). The psychological principles of early analysis *Int. J. Psycho-Anal., 7.* [Reprinted in *The Writings of Melanie Klein,* 1 (pp.128-138). London: Hogarth Press, 1975.1

Klein, M. (1928). Early stages of the Oedipus conflict. *Int. J. Psycho-Anal., 9,* 167-180. [Reprinted in *The Writings of Melanie Klein,* 1 (pp.186-198). London: Hogarth Press, 1975.1

Klein, M. (1946). Notes on some schizoid mechanisms. *Int. J. Psycho-Anal., 27,* 99-110. [Reprinted in *The Writings of Melanie Klein,* 3 (pp.1-24). London: Hogarth Press, 1975.)

Rey, J. H. (1979). Schizoid phenomena in the borderline. In J. LeBoit & A. Capponi (Eds.), *Advances in the Psychotherapy of the Borderline Patient* (pp.449-484). New York: Jason Aronson.

Steiner, J. (1985). Turning a blind eye: The cover up for Oedipus *Int. Rev. Psycho-Anal., 12,* 161-172.

第三章

显现于内在世界和治疗情境中的俄狄浦斯情结

迈克尔·费德曼（Michael Feldman）

梅兰妮·克莱茵对于儿童内在世界的看法，扩大了我们对于俄狄浦斯情结的了解。在这个内在世界里居住着早期经验中的一些人物，这些人物的特质和作用受到了投射和曲解的影响。克莱茵表示，在儿童的幻想中，这些人物彼此间的关系相当复杂，其中某些关系建构了早期俄狄浦斯情结的模式（Klein，1928，1932；或参见本书第一章）。她的临床理论之所以如此具有影响力，乃因它能在临床情境中，通过显现出来的移情，更进一步了解这些内在人物的本质和关系，并借此理解小孩的经验以及他们的行为。

我将使用三个临床片段来说明由以上得出的一些观点。首先是我们所熟悉且引人关注的现象，即病人在儿童时期与不同人物的经验，活生生地活在孩子的心智中并且影响着他目前的关系，包括他与分析师的经验以及他如何使用分析师。俄狄浦斯情境的一项特质——反应在分析中——是病人和分析师皆发现自己面对的是一项"伦理"的难题，而非一个清楚的抉择。双方都会觉得自己被拖往不同的方向，且不管哪种抉择，都会被迫以折中作为收场，其中包括模糊或逃避部分现实，因其会引发的诸多苦痛与罪疚感。当然，在原始神话情节里，俄狄浦斯并未在意识中决定杀掉他的父亲并且和他的母亲结婚；然而那时的选择对于现场的人而言，似乎是最好的抉择，且这场婚姻也获得了当时底比斯人的认可。纵使当时有些人知道事实真相，但是认为保持缄默是更好的抉择。这些惨不忍睹的现实，渐渐地才在痛苦中被揭发出来，且付出了相当的代价（Steiner, 1985）。

我期待我不只描绘这些微妙的两难情境会如何呈现在分析素材中，而且也指出分析师常常在不知不觉中忽然发觉自己已经陷进一场两难的情境，而这些原来是孩童个案的问题，不可避免地也包含了父母亲的问题。我们要感谢克莱茵夫人以及一些研究者帮助我们对于投射和内摄认同历程有了一些了解，对于这个历程的了解，让我们清楚看到一些这种复杂历程的必然性。小孩常常会部分认同其父母亲之一或者对调其认同，而且父母亲也会反过来被小孩所投射到他们身上的特质所感染，因此经常会出现复杂的逆转，而分析师在面对这些不同人物时，也必然会反映出一些这种复杂性。

只有经由细心留意会谈中的动力，尤其是反移情的经验（特别是让分析师以特殊方式反应的微妙压力），俄狄浦斯情境的某些方面才得以被觉知。它们通常来自病人经历中相当早年的经验，当时病人无法将这些经验用语言呈现在其心智中，仅能以感觉、行动或引发行动的冲动表现出来。即使它们或许来自发展中较晚的时期，然而孩子对于父母亲的知觉以及与他们的互动，也经常是非语言的，而且是以刻意的共谋或以规避呈现出来。我想指出这种现象不仅使分析师难以了解病人的幻想、焦虑和冲突，在技巧上也会使分析师不知该如何面对这些情境，以及处理自己将俄狄浦斯情境的某些方面行动化的压力。

本来要面对家庭关系中的冲突欲望的是**孩童**，然而他却会运用投射机制排除这些冲突，使它们变成父母的责任。父母亲会发现自己掉进了两难的困境之中，这现象一方面是来自父母自身的俄狄浦斯冲突，另一方面则是孩子投射到他们身上的。由于父母在意识和潜意识中知道这些情绪的强度，因此所采取的每个行动都具有重大意义。例如，如果

第三章 显现于内在世界和治疗情境中的俄狄浦斯情结

父亲感知到他年轻女儿强烈的性冲动和攻击冲动（也许通过认同一个被排除的小孩），而且微微感觉到这些幻想的本质与他跟母亲有关，这时如果还让女儿坐在自己的膝盖上，则会进一步刺激女儿相信她和父亲在性兴奋方面联合起来对抗母亲。可是如果拒绝女儿坐在他的膝盖上，也许会让女儿误认为是父亲觉得尴尬、不舒服的佐证，因此小孩以另一种方式验证自己的俄狄浦斯幻想。

因此不管父亲如何做，都无法避免激起小孩的攻击幻想或性幻想。小孩需要的是父亲能对于这些冲动具有某些感知，并且能坚守自己的立场（其中包括认定自己是成熟配偶的一员），如此，小孩（及父亲自己的）的冲动与幻想才不必被否定或者行动化。

以上这种基本模式会在分析情境中重新被体验并重新被创造，也一定会决定移情和反移情的本质与质量。我想经由以下临床素材说明，病人的素材和移情情境的动力如何协助我们理解个体的经验，并且帮助我们建构父母亲的互动本质以及病人跟此互动本质联结的方式。

俄狄浦斯组态（Oedipal configurations）如何存在于病人内在世界之观点的重要性之一是，它可以协助我们研究它们对于病人基本心智功能的影响。若病人能以足够健康的方式处理俄狄浦斯情结，则他所呈现的"内在模式（internal model）"会视性交为一种平衡的、有创意性的行动。这种内在模式似乎与病人发展出以下能力直接相关：允许自己的思考与观点以一种健康的性交方式互动。另一方面，若病人幻想中的任何联结会造成奇怪的以及摧毁性的配偶关系，则可推断病人的思考形式会是受伤的、病态的或是严重受抑制的。在我的临床案例中，我尝试检视存在病人心智中的俄狄浦斯配偶的特质，这个特质一部分来自个案的知觉，另一部分来自"投射"的扭曲。这不只影响病人的移情经验，也通过使分析师加入俄狄浦斯冲突的行动化而呈现出来。最后，我希望可以指出，病人对于这些关系本质的幻想如何影响他的思考。

第一个案例是一位我几年前所治疗的年轻男士。分析工作因为病人必须出国而中止，但是我仍保留详细的个案记录，且这个案的许多方面仍然生动地烙印在我的脑海里。他在四个兄弟中排行老幺，双亲的工作都与戏剧有关，当时，他的母亲是一位才华横溢而成功的女演员。

在周末过后的首次治疗时段，他以静默开场；不久之后，他开始用一种既拘谨、刻意又十分挫败的方式讲话。他只字未提周末的事情，但之后提到一个他做的梦。在梦中他身着丝质的内衣裤，在舞台上来回展示着自己，他记得那是她母亲在预备上舞台前所穿的内衣。台下观众并不多，但是他特别注意到一位年纪大一点的男人，他看起来有点蓬头垢面，这位男人似乎被他诱惑而显得有点兴奋。但是他被迫留在舞台的另一边，好像被一面玻璃隔离起来。病人说他认为这位男人是一位"纯正的同性恋者"。他将此人物跟我做联结，认为这是喜悦和兴奋的源头。在告诉我这个梦时，他似乎显得特别亢奋。

这位病人总觉得自己没有获得足够的关注与爱。虽然他的父母像是一对具有同情心也会表达关心的父母亲（我认为在许多地方，他们已经尽力而为了），病人总觉得他没有得到足够好的照顾，从来未能完全信任他们的照料质量，也觉得他总是无法获得父母任何一方的足够关注。他或是通过生病、特别不高兴、表现特别优异，或通过逗使父母亲之一开心，以试图获得他们的关注。

尤其对于父亲，他似乎曾有过想要取代母亲位置的幻想，这种幻想经由周末所做的梦呈现出来，在梦中他通过穿着母亲的服装，使自己亢奋起来。可同时他也以一种伤感又动人的方式，对自己宣告任何这些方式都会功败垂成。在梦境中，这位男人是一位"纯正的同性恋者"，表示是一位对真实的女人完全缺乏兴趣的男人，但是被穿着女人内衣的他所诱惑并感到兴奋。这个梦显示，纵使我的病人为这位男人上台献艺，他们之间却无任何适时的接触。相反地，梦境隐含着我的病人觉得他被强迫与客体分离，就像中间隔了一道玻璃墙一样。

这幅情景跟病人的过去经验极为相似，就像他觉得不管他做什么，总无法获得父母亲足够的注意。在分析中他也常常觉得，必须刻意做一些事情来攫取我的注意力。有时候，他几乎相信或至少半信半疑地认为，他也许真的会成功，可是有时他会制造更多奇异的行为，却得不到他所预期的结果。

我认为病人在他幻想中经由投射他的落单感、兴奋以及被挑逗的感觉，来面对在我缺席时的漫长周末以及他的孤独感、忌妒与挫折。通过转换角色，他代替了我，成为在舞台上诱惑我，让我兴奋的人。此外，这种幻想并不只是在周末时才被激发出来，也在治疗中上演了。病人在会谈开始时的静默、他的迟疑，甚至挑逗式的说话方式，以及觉得自己已经兼具了令人兴奋且带有逃逗性的"心智内衣（mental underwear）"（或是他认为会引起我兴趣的梦或性幻想），这些在治疗中变得非常真实。他总是处心积虑地判断什么东西会引起我的兴趣，什么事情会影响我，并且让他成为我眼中最特殊的病人。他满脑子想的都是如何成为我最有兴趣、最令我兴奋，或是最懂我、最敏感于我的健康状况或心理状态的病人。有时，他又会希望成为一位最能干扰我的病人，是令我最挂心的，也是令我在两次会谈之间最会想起的病人。

尽管如此，就像我之前提过的，这些尝试通常未能达到他所预期的结果，他在治疗中所引发的不是好奇、忌妒或兴奋，反而是同情、关怀，有时甚至是沮丧。

有许多方式可以了解我跟这位病人的反移情经验的本质。当他具有强烈及被干扰的感觉时，他好像经常无法适当地使用投射机制来与他的客体接触。因此可以推论，他跟父母的早期关系中的一些困境，可能来自他无法恰当地通过投射认同这个方法来与父母沟通，导致他的父母无法真正了解他确切的想法，因为他们无法恰当地感知到他的需要以及他的焦虑的影响。

另外也和他知觉其客体以及经验其客体的方式有关。比昂（Bion，1959）描述了一种婴儿所处的情境，在这种情境中，父母只是单纯回应婴儿的需求，而无法接受或承受婴儿的投射，使婴儿变得越来越暴力和失控，因而陷入绝望的恶性循环之中。

我在移情中的经验，让我确信在病人心智中非常缺乏一对足以涵容其投射的"父母客体"，或是欠缺一个健康俄狄浦斯配偶的概念（一对可进入创生性交的配偶关系），意指一种涵容和被涵容的关系。相反，在病人的梦境中，我们看到的是一对在动作上有所联结，而其实却被舞台或玻璃阻隔起来的配偶关系。

这是他对于这种配偶进行"嫉羡攻击（envious attack）"的结果，因此，就像梅兰妮·克莱茵曾经描述的，在他心智中形成了一对奇怪的"结合父母客体（combine parental object）"（Klein，1932）。或者他可能会知觉或直觉地认为父母配偶，事实上受伤了——是一对悲哀的、困惑的结合人物。虽然呈现给他的是，他们看起来是一对健康的、兴奋的配偶，企图激起他的嫉羡与忌妒，但总是功败垂成，而他自己实际上面对了一种更糟糕的情境。他因此在分析中重新创造这种俄狄浦斯情境，在此情境中，有一位奇怪的人物，融合了父亲和母亲的因素，其目的在于激发出强烈的兴奋与忌妒，但是，却造成了更糟糕的结局，因为他所激发出来的是怜悯与绝望。

大部分时候，我们两人都觉得好像在建构一个奇怪的、没有创生的配偶关系，或是他把我视为一位健康的、有朝气的客体，但同时又是奇怪的、受伤的，因此是和他没有区别。有时候当他似乎又可以认识到我们两人的不同时，我们则能短暂地进行一些真正的分析工作，这会让我们彼此都感到安慰和感恩。很明显地，在这些时刻，他会用一种异于平时的方式来思考，他会比较一致而且能真实地感觉到他生活中的事物充满意义。在这些时刻，他心智的工作方式比较不模糊、亢奋或破碎。但这种有建构的时期，总是短暂的，且会再度激起绝望与摧毁式的嫉羡攻击。

就像我之前所言，病人思考的质量和他在幻想中想"争夺俄狄浦斯配偶"的本质，以及反映在移情中的特质经常是有关联的。病人常觉得无法恰当地与自己的心智联结以便让自己可以思考。他的"思考"常包括两种不同的想法，并以怪异的方式兜聚在一起，且两者之间的联结是毫无意义的。就像我们在梦中所见的，他将这种奇怪的联结当成是令人渴望的，甚而是兴奋的。由于他无法容忍自己去意识到对于父母关系质量的破坏（且觉得父母亲也无法容忍它），他对于面对自己心智中的东西感到害怕而痛苦，因此只好制造这些怪异的、绝望的组合体，伴随着的是兴奋与被孤立的感觉。

虽然我认为他无法恰当地使用投射机制来沟通他的感觉和焦虑，有时他却不得不将这些更绝望、更病态的功能投射到他的客体身上。在反移情中，我感到自己被迫去做一些陈腔滥调的诠释，或将一些事情勉强地联结在一起，但总觉得这种联结是错误的，而且是毫无作用的。这种做法的目的仅仅是为了暂时解放我们两人，却同时增强了隐藏在底下的挫折与绝望。

当我可以对抗进入梦境的这种压力，而以另一种方式重新找回我的思考能力时，虽然有时是困难和痛苦的，但是它似乎可以强化病人与现实世界以及其内在世界的接触。

我现在想呈现另一则案例，这是一位年轻女士，她心智中的俄狄浦斯配偶表征及其建构移情的幻想和焦虑，和这位男士极为不同。这位病患需要持续的内在肯定来对抗她被拒绝及被攻击的焦虑。这样的现象影响了她的思考模式，分析师也觉得被迫去配合病人的需求。

病人在很小的时候她的父母亲就分居了，童年时她和母亲之间的关系非常曲折，令她非常痛苦。她母亲有许多问题，她会批判并轻视经常缺席的父亲，认为一切都是他的错，而非自己的错。我的病人觉得必须接受母亲这种看法，倘若她试图质疑母亲所言的真实性，则会激发母亲愤怒与暴力的回应。她渐渐意识到她母亲问题的严重性，以及她成长生活环境中精心编制的谎言与扭曲，但依旧害怕向母亲挑战这些谎言。

与此同时，她也开始有了一个秘密的幻想：希望她父亲可以回来拯救她。想象父亲知道她已经尽其所能，对她而言是很重要的，例如：她不仅功课好，且会整理家务及煮饭。她认为父亲总是站在她这一边，也知道母亲是如何差劲、残酷、忽略她，并且将她带在自己身边。还有一种她不太敢思考的想象情节是：她父亲和母亲会联合起来对抗她，并认为她是暴力的、不乖的、肮脏的女孩，从而想将她丢掉。

在一段我将详细叙述的治疗之前，病人曾在一段谈话中再次聊起她和她的伴侣之间在关系上的困难。在这段关系中，她总觉得被拒绝。对于这段关系所面临的困难，她总觉得自己没错，许久之后，她才能稍微看见自己的敌意与不满。在治疗一段时间之后，她变得比较不防御，她和伴侣之间一些比较真实却复杂的情境渐渐浮现出来，她觉得一些重要的问题好像已经被处理了，且感到放松。

这次会谈之后的下一次她迟到了几分钟，且非常仔细地解释，她被一些无法控制的事情牵绊住所以迟到了。之后，她说前几天发生了一些事情，她本来不想再去思考这些事，后来，她认为最好还是谈一谈，特别是因为她不知道除此之外还能讨论什么。她描述她如何在忙一些不同的事情，而且强调她做得如何的好；她能够很有耐心且很祥和地面对所有要面对的人。她的伴侣晚上要去开会，因而没有多少时间用餐，她因此准备了一盒非常精美的点心让男朋友在开车的路上享用。她认为自己对男朋友非常有耐心，又很能够了解他，甚至没有阻挡他外出，即使她最近见男朋友的时间并不多。

她以歌颂的方式描述这些事情，但是我知道事情很快就会有转折，最后的结局往往是我的病人又会觉得被拒绝、受伤和失望。

她的伴侣回家时已非常疲倦，因而沉迷在电视前。他说他想看新闻报道，她说她不在意，虽然她自己在一个小时前已经看过了新闻报道。在看新闻报道时，男朋友开始打瞌睡，我知道这件事总会让我的病人很生气。

之后，男朋友的朋友彼得打电话来，他和彼得谈了将近半个小时，他和彼得只是单纯闲聊，并没有任何重要的事，最多只是聊一些跟工作有关的芝麻小事。她突然感到非常不满，因为她认为他累到不想跟她讲话，却又如此有活力地和他的朋友聊天，她认为她对他并没有过多要求，她只是希望能够获得一丝丝的关注。

这一切听起来都相当合理，她不得不如此。她说话的腔调诱发我完全同意她的说法，而且完全站在她这一边。我觉得她必须如此仔细描述此状况来强调她整个晚上是如何仁慈与忍让的。她还特别表示她之所以可以如此面对这样的困境，要归功于她在上一次的治疗中所得到的帮助。还说她可以了解她自己的不满和生气如何影响她的伴侣，这也是为什么她表现得如此贴心和容忍的原因之一。我指出她需要将自己放在无可指责的位置，并且很清楚地划分是她的伴侣不一致和不知道感恩。实际上，很明显的，虽然她指出了上次治疗对她的帮助，而且也承认她和伴侣之间的关系是一种复杂的互动模式，然而，我认为她已经开始在心中驳斥我对她的质疑。她需要向我证实，即使她自己的行为已经无可挑剔，她的伴侣仍然以如此攻击和伤害的方式对待她。我感到一股需要同意她的压力，要我承认我对她的怀疑是错误的，甚至必须毫无保留地加入她，一起责难她的伴侣。我未直接掉入这个圈套，而是指出我所感受到的压力，并诠释在诊疗室里面正在发生的，好像在重复昨天晚上的情景，她因为我没有与她站在同一阵线而感觉混淆、受伤和被误解；她感觉我站在她伴侣那一边反对她，或是只关注我所感兴趣的事（就像她男朋友和彼得在电话聊天一样）。无论如何，她都觉得被我拒绝，而且认为我可能怀疑她里面隐藏了一些不好的东西。

我已经简要解说我认为在儿童及青少年时期，占据我的病人的一些经验与幻想。我想强调的是，她就像她母亲一样觉得自己总是站在对的位置，而别人永远要为所造成的伤害负责。就她母亲而言，这个位置具有一种既疯狂又绝望的质量，因为它可以被用来抵挡其他观点。这些观点会让她看到自己是一个令她害怕的、非常容易不满的、具破坏性的、嫉妒的且有性冲动的人。就我的病人而言，她认为如果她被视为是"坏"的，则会被抛弃：母亲会猛烈地攻击她，父亲则永远不会来拯救她，甚且会反过来，和母亲联合起来攻击她。她那忌妒的俄狄浦斯愿望并没有完全地被分裂，而是有时能意识到这些冲动让她感到如此疼痛，以致她很想丢掉它们。事实上，让自己保持完美形象的背后动机之一，是为了避免配偶联合起来，这种联合起来的配偶可能是原始的父母配偶，或者是我和她男朋友联合起来排挤她，抑或是我和自己的思想联合起来，用我的思想服务于我的工作。我希望这份报告足够清楚地呈现出这类幻想如何在治疗中行动化。我认为我的病人些微地清楚，她如何微妙地攻击并激怒她的伴侣，并且怀有阻止我进行分析工作的冲动，虽然她好像很感谢我的分析。然而，这些觉察造成她许多焦虑，因为她害怕我会像她母亲一样攻击她，或者更愿意和别人联盟而抛弃她。

我们不知道病人对于她自己的冲突到底意识了多少，但我们知道她很难容忍爱恨交织的感觉或冲突，不过，很清楚的是分析师被摆放在两难的情境中。一方面分析师觉得被强迫同意病人的观点（这对父母亲或分析师而言，像是个合理的、仁慈的，并具有支持性的回应，且又不会有伤害性），另一方面，若怀疑病患，而与那对未能善待他的伴侣站在同一阵线上，则显得缺乏同情心，且是具伤害的。毋庸置疑，我所感受到来自病人诱惑式的邀请的压力——即让我和她站在同一阵线上，并支持她的幻想——意指我们两人形成一个亲密的配偶关系，以便排除她的伴侣，使伴侣成为承受所有不受欢迎东西的人。

同时，分析师必须容忍不确定感所造成的不舒服，即对任何病人的支持或是亲近都可能被性欲化（erotized），但倘若不支持她则会被认为是多疑的，或是太冷漠。病人的冲突大量地投射到分析师身上，分析师则必须面对这些看起来像是技巧上的困难，但是实际上其根源是父母亲的"伦理"问题。在这则案例中，他们似乎被邀请加入一个同盟的关系，这个联盟排除冲突与怀疑，攻击现实。

根据以上所描绘的案例，我们可以看见，这样的现象不只在移情中呈现，也在病人的心智世界中行动化。她花许多时间在肯定她自己是如何地完善，就像在治疗中所想表达的一样。尽管如此，她仍然无法完全成功地排除她对自己的质疑，因为，我也尚未完全被她分裂的呈现方式所说服。很明显地虽然她对于自己的攻击与挑逗有一些认识，但是病人是否能面对真实，跟她幻想中被暴烈地与她所需要的和想依赖的客体强迫隔离有关，虽然这客体实际上的确没有能力容忍任何坏的东西。

这位病患和前面所报告的病患不同的地方在于，她的原始客体在幻想中是彼此分离的。此外，这位病患可以想象她的父母在性交中联结，虽然她认为那根本是一场骗局，而且认为只要出问题就会导致灾难。她的心智也比较能够涵容许多相异的事情，虽然在她面对一些内在问题时，不管它是内在或是外在的，会引发相当程度的焦虑，导致她以各种方式逃避和否认。但她有时会在治疗中通过内化一个可以容忍她的客体关系，来释放她的焦虑。令人惊叹的是，她的思考变得更加丰富而且具有弹性。她也能允许自己以更自由和流畅的方式思考，而不必担忧这种在她自己心智内的性交会引起遗弃。这扩大了她的理解能力，使得居住在她世界内的客体也变得比较"三度空间（three dimensional）"。

第三个案例和我刚提到的案例有点相似，虽然其中也有许多很重要的差异。这位病患对于父母关系的看法基本上是暴烈的、介入的、侵犯性的及灾难式的互动，虽然有亢奋的一面。我的病人运用了许多不同的技巧保护她自己，免于掉入这种互动，不管在分析中还是外在世界。任何我企图接触她的努力，都被解释成侵犯的和危险的威胁，因此是必须被回避的。这种结构型形态也存在于她自己的心智中，她总觉得需要规避一些既成的联结。在分析中，她将那些潜在的危险思想和理解大力投射到我身上，而解决了她这方面大部分的问题。她也能够使用一些熟悉且有用的方式来对抗威胁，使这些威胁成为**外在的**。

这位病患来接受治疗时有许多症状，包括相当严重的性问题，任何与亲密威胁有关的事，都会让她感到恐慌。虽然她的症状已经改善了很多，但是那无法控制亲密接触的危险感，对她而言仍是一个问题。在分析中，她的焦虑通过漫长的静默呈现出来，包括过于谨慎地揭露她心中的东西，以及她对于诠释的闪躲，但同时她又让我感知到她有一个非常活泼与聪明的心智，她也非常能进入分析关系。接受分析对她而言是非常重要的，虽然她很少如此承认。

以下将描绘在本治疗时段的前一次治疗中，病人首次回忆起她小时候的一个意外，她说这不是她亲眼见到，而是听来的意外。在她5岁时，当时她已经上学了，一辆载着蒸气锅炉的卡车失去控制，撞穿她们家门前那一道很高且厚实的围墙，卡车正好在他们的客厅前刹住。当时她母亲和祖母刚好都坐在客厅里。她从学校回来时，起重机早已经把卡车给移走了。在短暂静默之后，她说她现在突然想到，如果不是那道厚实的围墙，卡车可能已经摧毁了她的家。

这幅影像是重复出现在病人素材中的例子之一，这些素材反映了她对于任何形式亲密关系的焦虑。在她心智中，有一个客体以暴烈和失控的方式入侵（在这个案例中威胁着母亲及祖母）。这些素材描绘她需要一个可以保护她的障碍物（在案例中的厚厚的围墙，这道墙刚刚好可以防止一场灾难）。有时她认为我不了解她的困难，而且认为我尝试激励她暴露自己，她因而常常确信拥有这些保护的重要性，甚而创造一些影像来加以肯定说明，若没有这些保护，则在客体或她自己身上会发生一些不幸的事。

这个时点诊疗室中所出现的素材显示，病人已经觉得比较安全，也能够允许自己更开放。在这个时期她开始了一段新的性关系，也能够在治疗中谈论它，但随之而来的，却是退缩到静默与强烈的抗拒中。

在这次治疗之后不久的一次会谈，她迟到了10分钟，而且上气不接下气。她因为自己的迟到而致歉，并解释说在她离开公寓之前有许多事情要办，她应该留给自己更多的时间。之后就进入静默中。我发现自己开始感到些许挫折，而且相当难过地思考着，经过了这么多年的分析，她竟然以如此虚假又毫无内涵的方式解释她的迟到。在她开始说话时，我突然想起了一些我已经忘掉的事情：今天是她父母亲难得到这个国家来探视她的日子。他们会在她的公寓住上几天，因此，她说在离开公寓前有许多事情要办，可能跟这有关。而且，她父母会在她从教书的学校返家之前就到达了。

她非常在意她的父母可能会知道她的私生活，特别是有关她的性生活以及有关她正在接受分析的事（对她父母亲而言，性关系和分析很类似）。她从来无法和她父母讨论任何有关人际关系的事。她也描述了她如何谨慎地隐藏任何与性有关的证据，例如将有吊带的裤袜和别人送给她的性感内衣锁在阁楼的橱柜里。她对于分析也是同样地保密。当父母亲探视她，而她无法对于她的缺席找出适当的理由时，她会毫无疑问地停掉治疗。对于这次双亲的探访，她做了一些妥协。她缺席了几次，也赴了几次会谈，并且告诉父母，是跟她的工作有关。我认为在她的幻想中，她的父母亲以各种方式，让她感到他们对于她的性生活非常地好奇及冒犯。

这些有关性的事情从来无法在家里公开讨论，虽然她认为家庭成员皆对于正在发生的事情感到非常可疑而且充满幻想。这样的现象当然也反映在分析中，她一直难以找到适当的方式谈论任何有关亲密的事情。相反地，我们都觉得必须容忍导致这些早期结构形态出现在我病人及我的心智中的任何情境，这些情境无法以任何直接或开诚布公的方式谈论。

在一段静默之后，病人说她在前一个晚上，已经打电话给她父母亲，确定一切都正常，且已安排好所有一切他们即将到访的事项。她和她父亲通话，父亲非常关心他们来访时寝室的安排，且特别担心他是否必须和母亲睡在同一张双人床上。病人向他肯定（以一种略微以恩人自居的姿态报告），叫他不用担心，她告诉父亲说他可以睡在单人床，母亲则可以睡在双人床。父亲竟然回答："什么！你竟然有双人床？为什么需要双人床？我不知你真的有一张双人床！"我的病人很耐心地解释道，她有两张单人床在主卧房，及一张小的双人床放在空的房间。她又说当时在电话那头，她的母亲可能正在暗示性地踢她父亲的脚，之后她就不再说什么了，然后她静默了许久。很清楚地，我认为她期待我会针对她刚刚描述的素材做一些回应，而她自己却不想针对它再多说些什么。

我说她呈现出跟她父亲类似的焦虑，即她跟某些事情过于亲近，而且她以此时的行为告诉我，睡在单人床对她而言也是很重要的事情，很明显地她不和我或刚才她提过的事情进行联结。我们知道她还有一些话要说，但是她必须把它们藏起来，藏在阁楼或是锁在橱柜里。

之后，她就静默了更久。我发现这种情形造成了一些困境，我认为病人已经带来了一些与她自己的想象和幻想有关的素材，就是她与父母之间的关系，以及她认为父亲对于就寝安排的关切。我很熟悉这样的过程：病人告诉我一些素材，然后马上退缩到单人床上，留下我独自一人去思考这些素材。这些素材对她而言，常常带来兴奋和干扰。如果全盘接受在治疗中负起单独思考跟说话的责任，对治疗常常是没有帮助，但我又觉得必须做一些事情。我不能让整个治疗时段就如此在静默中无言消逝，所以我很小心地在心中思考我的诠释。当时我觉得这似乎是一种合理的处理方式。但是在漫长的静默之后，我越来越清楚地感觉到她对待我，就像对待她父亲一样，即在她的幻想中，她认为我以一种责难的和侵犯的方式进入她的世界，因此，她只能以退缩的方式面对。我觉得自己变成了俄狄浦斯父亲，过于担心她女儿的性生活，而且硬生生地因为母亲的一踢而停止入侵。

在另一段很长的静默之后，她用很焦虑的声调说，她突然记起来她忘了将她的避孕药藏起来。她说除非有别人想翻她的抽屉，否则应该不会被发现。她说也许她可以在她父母不在场的时候，想一个方法偷偷地将它藏起来。在一段短短的静默之后，她说她开始感到越来越紧张，这时治疗已经接近尾声，她离开时有点失序并且显得相当地焦虑。

我想这个素材描绘了一些有关病人的重要方面，其中一再重复的是病人认为父母配偶关系与暴力危险有关，就像载满着蒸气锅炉的卡车，因为失控而冲破围墙，使客体苟延残喘地存活下来。病人认知中的配偶关系，不仅对母亲而言是困难又危险的，同时也为父亲带来困扰，因为父亲所关心和焦虑的是有关双人床的事。这种关于父母性交的观点，帮助我了解病人对于性的焦虑。当她的症状渐渐减弱时，虽然她幻想中出现的仍然是一对既暴烈又具摧毁性的俄狄浦斯配偶，但是这幻想却也让她非常兴奋，且常常以较无威胁感以及较兴奋的方式在诊疗室内与诊疗室外重现。另一个明显出现的俄狄浦斯情境方面是，好奇、忌妒与兴奋有时正确地在父母客体身上知觉到，有时则投射到父母客体身上。然而父亲的好奇及担心更甚于女儿，他对于我的病人的活动的兴趣，比我所描述的第一位病患还要更真实。

这种知觉和投射的结合，使我的病人避免跟她自己的好奇和忌妒有任何接触，这显示在她描述父母亲时的样子，以及她对于治疗师的生活的缺乏兴趣。

我特别感兴趣的是，这些问题如何微妙地在移情中行动化，而让我不得不面对抉择。我本来可以持续保持静默，为了避免跟她那些强烈的感觉挂钩，但这样做不仅没有助益，反而可能显示出一种焦虑式的约束。但在另一方面，若我尝试以我认为恰当的方式，根据素材做一些诠释，则会像是我正以一种非常不恰当和侵犯的方式在运作。在移情情境中，我发现到一个非常显著的方面，即我意识到不管我怎么做，都无法不被病人那股强烈的投射所感染，也因此无法避免激起病人强烈的反应，因此，很难觉得我所做的任何事情是对的。

最后一点是这个情境会一再重新活在病人的心智中。不仅在分析中，她以逃避的、秘密的和挑逗的方式，将各种不同的兴奋客体藏在阁楼里，而且我认为可能尚有更严重的问题是跟她的思考有关的。只要跟她在心智中做任何联结，就会引发突发的、危险的、入侵的感知，而这些侵犯会威胁到她赖以为生的客体。因此，她不跟自己的心智做联结，而是很有技巧地利用分析引发我的思考，让我成为做联结的人，而且邀请我做出一些行为，让她可以对抗，因为她觉得威胁来自外在。她害怕如果她自己的思考变得太清楚或太直接，就会没有围墙可以保护她，而且在她的幻想中，内在性交往往是灾难的。这种维持各种内在或外在围墙的需要，导致她的思考方式非常拘谨，也使她在分析中，或她的社交生活和性关系上的能力无法足够开放、自在。

我强烈感觉到这些焦虑跟她最早期的客体关系的经验和幻想有关。这些早期关系的表征是嘴巴与乳头的关系。这种关系充满了令人恐惧的内容，在她的言语中，她传达了一个焦虑的、严谨的和强迫式的母亲形象。她难以跟这位母亲接触。我想这样的现象在我的病人心里激起了一种暴烈的极度渴望能穿破的冲动，这种冲动后来投射到母亲身上，因此，母亲被病人视为是具有威胁和侵犯性的。不可避免地，她对于父母配偶关系的幻想也都充满了这些内容。在配偶关系中，阴茎代表的是那个暴烈的、侵犯的乳头。

在分析中，这位病患大量地使用潜意识的投射过程作为沟通，并释放她的内在问题或困扰，但同时她又觉得必须保护自己，以便能对抗一种暴烈及摧毁式的反投射（re-projection）。跟第一个案例比起来，在这位病患心智中的父母亲被比较清楚地区分开来，且在这位病患的心智中，存在着某种形式性交的可能，虽然它是一个非常恐怖与危险的过程。然而，她却好像可以比较清楚地思考，而且常常能很精确地知觉。虽然如我之前指出的，她仍然非常害怕让她的思考跟幻想产生联结会引发的结果，特别是当它们跟原始又强烈的爱、兴奋以及摧毁等感觉有关的时候。

讨 论

我期待以上这些临床描述，足以说明一些存在于每位病人身上的俄狄浦斯幻想的本质，我们不仅能在病人的素材上看到这些幻想，而且可根据在治疗时段中的行动化观察到这些俄狄浦斯剧情的因素。通过投射与投射—认同等操作，在这些幻想中病人和分析师被赋予的角色常常是非常复杂的，而且是可被转换的，例如：俄狄浦斯小孩的冲突，当它被投射出来时，分析师则必须面临一种非常不舒服的两难情境。

这些案例所呈现出来的问题之一，跟小孩内在世界中的父母配偶形象有关（或者跟与之共存的、不同形式的配偶关系有关）。其原因部分来自婴儿对于早期喂食经验的配对关系之本质的知觉与直觉的正确度，以及晚期他非常在意的俄狄浦斯配偶。克莱茵夫人已经探索了这个配对关系本质被曲解的方式：婴儿将喂食的本质和幻想投射到配对关系中，作为防御和攻击用。她也提醒我们注意，当婴儿经验到她的原初客体（primal object）结合在一起彼此满足时，所引发的嫉羡的重要性。发动嫉羡和忌妒攻击的方法之一是，将扭曲和毁坏的力量投射到配偶身上。

当然婴儿也会是母亲投射的接受者，因此，小孩心智中所建立起来的俄狄浦斯配偶的模式，部分来自配偶对于自己心智中的配偶形象的投射，例如第三个案例，我相信病人的母亲对于任何亲密接触（不管是喂食或性交关系）的看法皆是具侵入性及干扰性的；这样的看法也投射到了我的病人身上。在关于双人床的素材中，父亲很清楚地表达他对于跟母亲过于亲密的不舒服及抗拒。

在分析中要清楚地评估病人如何发展出心智中的俄狄浦斯配偶模式，及其发展过程中的每个重要因素是不容易的，它常常会因我们对于病人的理解而改变。

在本章中，我尝试同时指出俄狄浦斯配偶的幻想，跟病人如何使用其心智将其"思绪"与"感觉"做联结的能力有关，也跟因为做此联结而必须容忍的焦虑有关。倘若父母配偶的幻想所带来的焦虑太强烈，则病人在心智中将不同因素做联结的能力也会被干扰。这种思考联结能力主要源于嘴巴与乳头的结合幻想，或是阴茎与阴道的结合幻想。

对于我们理解病人如何经验配对关系的心理病理学，比昂的贡献不容小觑（Bion, 1959）。他提到病人企图攻击两个客体之间的联结，这种联结的原型是嘴巴与乳房，它激发了婴儿的恨与嫉羡。他指出虽然婴儿在一个创造的行动中是一位参与者，且分享了满足的情绪经验，他依然会认为自己站在被排挤的一边，因此导致痛苦、嫉羡与忌妒（因此他随着克莱茵夫人的论点，也提出了一个非常早期的俄狄浦斯情结形式）。他认为婴儿对于具有创造性的联结的经验或幻想的回应（首先是嘴巴与乳房的联结，后来是父母的性交关系）是攻击这个联结，并将之转化成一种具有敌意的及摧毁式的性关系，这种攻击使配偶成为没有生产力的。此现象可能会以攻击母亲或父母亲的心智状态呈现出来，或是通过攻击病人与分析师之间的相互理解而呈现出来。

了解婴儿的嫉羡是如何被父母配偶关系激发出来，拓展了我们对于病人所呈现出来的俄狄浦斯情境的许多病态方面的理解。婴儿将他的嫉羡以暴烈及摧毁的方式投射到父母配对身上，目的是为了分离他们，并且使他们无法生育。

我提到另一个过程也与病人俄狄浦斯配对经验有关，病人认为配偶以奇怪和暴烈的方式互动，其来源与比昂所谈的不同，且建基在不同的机制上。在这种状态下，婴儿的嫉羡并非被一对有创意的配偶所激起，婴儿所面对的是一对无法被渗透的父母或配偶，这对配偶无法恰当地接受或回应病人的投射。因此，引发病人想以暴力的方式闯入，其中附带着的是偏执焦虑，这种现象非常清楚地呈现在我第三位病患身上；或者是面对一种绝望和奇怪的情境，就像我的第一位病患所面对的。

这些不同的观点会引发出一些有趣的诊断上的困难，因为，每位病患必须以不同方式对待，虽然我所提出的以上三个案例，他们的个人史和病理皆不同，但我觉得在他们的幻想中，皆有一个非常病态的俄狄浦斯配对。第一个案例幻想中的配对是一对无法真正适当地在一起相处的配偶。第三位案例所面对的情境，或是觉得无法刺穿那道厚实的墙壁，或是觉得必须以灾难式的暴烈方式刺穿。

我也尝试描绘这些结构形态如何鲜活地被带到移情中，使分析师面临一些难题，这些难题本来是病人一直在面对的。我也尝试显示病人如何建构他的俄狄浦斯情境跟病人思考能力之间的关系。因为任何真正的了解皆仰赖认同一对有创意性交的配偶。

参 考 文 献

Bion, W. R. (1959). Attacks on linking. *Int. J. Psycho-Anal., 40,* 308-315. [Reprinted in *Second Thoughts* (pp.93-109). London: Heinemann, 1967.]

Klein, M. (1928). Early stages of the Oedipus conflict. *Int. J. Psycho-Anal., 9,* 167-180. [Reprinted in *The Writings of Melanie Klein, 1* (pp.186-198). London: Hogarth Press, 1975.]

―――― (1932). *The Psychoanalysis of Children*. [Reprinted in *The Writings of Melanie Klein, 2*. London: Hogarth Press, 1975.]

Steiner, J. (1985). Turning a blind eye: the cover-up for Oedipus. *Int. Rev. Psychoanal., 12*, 161-172.

第四章

遁形的俄狄浦斯情结

艾德娜·欧夏妮西

当代对于俄狄浦斯情结的论战,主要在于俄狄浦斯情结是否真的是普遍的,且是核心问题?是否还应被视为"发展中最主要的情结"?临床上可以看见,有时分析中一段很长时间(甚至在整个分析过程中)只出现非常少或从未出现俄狄浦斯的素材。分析师们对于这个问题,通常有不同的观点。科胡特(Kohut)及其追随者们(Kohut,1971)会将俄狄浦斯情结摆到一边。他们提出自体心理学理论和一种新的临床技巧,其关注的重心在于环境的缺陷和所提供的修复。而克莱茵学派在另一方面则提出完全对立的看法。根据他们的观点,当俄狄浦斯情结是我所谓的"遁形"时,并不表示它不重要,反而呈现出它如此重要,使得病人觉得无法妥协,以致必须采取某种心理工具来使它遁形。

在本章中我只将重点放在俄狄浦斯情结中一个很小的方面:在最早的发展过程中被干扰的一些方面。当克莱茵(Klein,1928,1932)谈论早期阶段,并后来将"抑郁位置"(她认为心智健康全赖于这项位置的完成),跟弗洛伊德所提出的核心情结做联结时,她扩展了情绪丛(emotional constellation),在此情绪丛中,每位病患用其独特的组合展现其俄狄浦斯情结。我即将描绘的病患皆持续觉得被早期俄狄浦斯情境所威胁,而试图排除它们。可想而知,这些病患会有被排除的感觉、分离的问题，以及在俄狄浦斯配对关系中落单的感觉，其中最明显的一种是"性"的分裂。

我将以一位称之为"梁"的素材进行详细描述。这位病患11岁，即将进入青春期，可是他的心智生活仍然环绕在对抗他与原始客体之间那种有问题的关系，以及创伤的早期俄狄浦斯结构。他的主要问题是对于任何新计划或进入新阶段皆感到恐慌。这使得他对于上中学这件事感到晦暗，也因此开始接受分析。他的父母认为他永远无法完成中学的学业，除此之外，他的双亲认为他应该"没有问题"，虽然父亲并非那么肯定。他们说他"只是一个正常的小男孩"。梁是他们的第一个小孩。他的弟弟和他年龄相当接近。在梁约4个月大的时候，母亲就怀了弟弟。梁的弟弟比他高出一个头，粗暴而且充满活力。梁则只会待在他的房间里看书，只有当他的朋友邀请他时，他才会外出。我花了好多力气才勉强让他母亲谈论梁的婴儿期。她说那真是一段"糟糕"的时期，梁会持续号啕大哭好几个小时，她无法忍受梁如此的哭泣或是喂他食物的过程。母亲持续重复说"我没有预期会这样"。双亲对于梁的看法显然非常狭隘并缺乏内涵，尤其是母亲的看法，例如她觉得梁让人无法容忍。他们非但没有认识梁现在的焦虑，而且不相信梁有面对自己生活的能力。这些都确切地预告了将要在分析中发生的事情。

在第一次会谈时，梁选择坐在我对面离我最近的一把小凳子上。他把自己塞进两个抱枕之间。在前18个月的分析中，除了上厕所之外，只有两次离开位子，此外，没有离开这把小凳子。他用两副不同的眼镜来看我，一副像是他母亲的，另一副则像是他父亲的。他非常小心注意房间以及我的一些小动作，任何改变都会让他非常焦虑。他看起来比他的实际年龄还要小，是一位忧郁、质朴又柔弱的男孩，他身上散发出一种完全无法被了解的样子。他的外表能有很惊人的改变；他可以"变成"并且看起来像他父亲的某些方面，或是"变成"看起来像他母亲；他也可以"变成"一个生病的小婴儿；有时他则看起来似乎突然长大了。我认为这些外表的改变，起因于它仍然将非常早期的感觉投射到客体身上，并且几乎完全认同这个客体。他让这些人物进入他的内在世界（或是他觉得被迫让他们进入他的内在世界），并在生理上以类比的方式具体地经验到。它们占据了他，而他也把它们拟人化。梁认为分析对他而言是一种干扰，他有时对它很反感，有时又很感激它。有次他说："我不要你，我需要你。"

在第一次治疗刚开始的时候，他将自己塞进两个抱枕之间，并且很快地检视房间是否有改变，之后则开始静静地瞪着眼前的地板或他对面的门；我诠释道，他专注看着地板上的斑点，它们"把他拉进去"，且让他觉得"头昏眼花"，但是如果不看它们，他就可以挣脱逃出。当看着门时，他说他"看见图案（pattern）"。他指着他所谓的一个"图案"，说它们看起来像一个阴茎和两个睾丸；他描述门如何变得越来越近，但如果他离开房间，当他再回来的时候，门则会自动回到它原来的地方。他叙说这些事件时就好像在叙说一件真正发生的事。在许多治疗时段中，他也以同样的声调来回答问题。潜伏在这些几近幻觉底下的焦虑，以及他对于它们的疑惑完全被分裂了。他似乎将两个令他害怕的内在客体分裂到地板的斑点和门的形态上；将它们从他的心智中倾注到地板及门上；因此他坐在那儿看着它们，断绝跟我或游戏室的接触。他尝试维持控制，使自己看起来没有焦虑和情绪化，可是他从来无法成功地持续留在这种逃避和退缩的状态下太久。有时短暂的恐惧会跑进他里面，或是闪过一道恨我的念头，或突发的抑郁，或刹那显现的温柔，然后他会很快地将这些把他拉来拉去的、冲突的、强烈的感觉丢掉。他一直处在一种冲突中，不知是否要远离或是容许他自己有所接触。这些冲突显示在他的脚上，他会将他的双脚藏在脚凳里面，然后伸出来，然后又再藏进去。有时他会捂住耳朵，但是大部分时候他会很专注地聆听。过了几个月之后，那些他隐藏起来的强烈焦虑大大地减弱了，这为他带来许多释放。他的父母亲很惊讶，他居然可以顺利地上中学，而且没有任何恐慌。

这让我得以进入梁的俄狄浦斯情结主题。我终于找到诠释的可能，并发现必须持续进行以下诠释：他对于改变的害怕，其中包括非常小的改变；他需要一个空虚的心智；他需要我永远都对他感到好奇，而且非常专心聆听他；他一方面害怕我无法了解他，但同时又害怕我太靠近，或把他的感觉重新还给他，等等。但这中间到底夹了什么人或是什么事呢？梁将他自己塞进板凳上两个抱枕之间所代表的象征意义是什么？他对于小动作及改变的害怕，到底代表的是什么意义？我在移情中到底代表谁或指涉什么东西？在梁被剥夺的世界里，我发现很难谈论任何意义。我的诠释听起来有点空虚无义，如果我坚持做诠释，则只会激起他的焦虑及不满。

容许我再更仔细地描述这种现象。若我诠释说他不期待我了解他，有时他会同意这类诠释而觉得被释放，且我可以注意到他为此暗自满足。但如果我进一步诠释说我像一位不足够好的父母，他则会焦虑地说："不，你不像我妈妈。"在此呈现出一个问题：他会将这类的诠释解释成我正在贬抑他的父母，甚而自恋地隐含自己比他们更优秀。这会激起他对他双亲的忠诚，并且害怕会和我建立起一个不好的联盟来反抗他的父母亲。除此之外，还有一些更重要的事。若我在移情中把自己当成一个父亲或母亲，梁则会变得非常不满和焦虑。反之，如果我诠释说他将那混淆的、冷眼旁观的小孩投射到我里面，而他则是那位残酷的、不在乎的父亲或母亲时（我常认为这是他的治疗进程中的一项主要动力），他特别喜欢这类的诠释。即当我把自己变成一个小孩时，他会很满足地接受这项诠释，好像在说："啊！你终于承认了，你是一个小孩！"因此，虽然他好像同意了他父母亲对他所做的安排，让他可以有机会接受一种所谓的精神分析，某一部分的他却隐藏了对这个过程的另一种看法：他很大，而他的父母和我却很渺小。他也会发展出一些吸引自己的幻想或活动，例如，令他眼花缭乱的地板的拉扯，以及门的越来越

第四章 遁形的俄狄浦斯情结

近；他从高处观望我们的一些小动作，有时甚至高高在上保护我们。在少有的一次相当自在的回应中，他高傲自大地对我说："我知道你所有的小癖好，我知道你的表如何在你的手腕上绕来绕去，我也知道你的鞋如何从脚上溜掉！"这其中的两项观察是正确的，我想他所谓的知道我的表，其实指的是他母亲的眼睛，如何习惯地飘过他，而没有真正地看见他。梁也知道父亲如何常常不和其自己在一起而偷偷溜掉〔意指，（父亲）将自己投射到梁身上，与梁太靠近、太卷入〕。但是梁不喜欢这些"小癖好"被看作具有意义的移情现象，例如我的表代表的是眼睛。他通过剥除意义来切断他的内在世界跟分析之间的关系。他也希望我能接受并采用他的观点，且为他那倒转的自大全能幻想背书：他是大的，我是小的。同时也希望我和他在这种联结及其他事情上站在同阵线。

在这段时期中我也向梁指出，他大部分的时候讲话很小声，促使我必须很靠近他才能听得到，而且必须经常提问，因为他很少主动讲话。我诠释说他将我俩拉得如此靠近，以致我变成了他两边的抱枕；我指出他希望我能够非常靠近他，但是不要干扰他、不做任何联结或是期待他有任何改变；而他却只想静静坐在那儿，由上往下观看所有发生的事情。梁同意说这正是他所想要的。当我将他在游戏室中所呈现的现象和他在学校的白日梦，以及他如何喜欢留在自己的房间做联结时，他变得可以更自由地详细描述他自己。但是当我尝试进一步探索有关他宁愿坐在高处观察事物的意义时，梁则会变得很不满并觉得被干扰。例如我企图进一步诠释，当他坐下来时，他的行为显示出他正想象将自己塞进妈妈身体里面的家，因为那里（妈妈身体里面）有婴儿；或是他将爸爸妈妈分压在他的两边，以便阻止他们靠近彼此；或是他有时觉得自己改变了，已经长大了，而且从远处看我，仿佛我变得很小，等等。以上这些诠释都会对他造成很大的干扰。在我做以上类似的诠释时，他常常会跑出去上厕所，捂住他的耳朵并且告诉我说："我讨厌你说话！"

在这些时刻，他不再认为我是他的抱枕，而是正在进行分析工作的分析师。有次，他跟我解释说，他不在意房间里的小小变化，只要抱枕不要移动就可以了。当我作为分析师的功能呈现出来时，我则变成了那对不让他留在幻想里的父母，他跑出房间是为了表示，他在瞬间排放了（幻想中的）排泄物在板凳上，因为他恨我让他有这样的改变。

让我们回到他一开始被分析的一段有趣故事，那也是他第一次有了重大改变的时刻。借由检查房间并熟悉他那稳定且固定的治疗时段，梁继续拥有一个没有改变、没有分离，也没有隔离的幻想世界。在他的认知中，周末是不存在的，治疗和治疗之间也毫无间隔，这样有规律的时间流程，在我第一次遇到周一的法定假日时被打断了。在法定假日到来前的最后一次会谈，他缺席了，在那次会谈的时段内，他父亲忽然很慌张地来电说，他本来安排好在地铁站与他太太和儿子见面，然后再把梁带到我这里来，但他们未出现在地铁站。

梁周二来的时候，没有戴眼镜。开始时，他很害怕我会处罚他或将他推下小板凳，甚至害怕我会因为他缺席了一次而将他赶出整个分析的疗程。当我诠释他对这件事的焦虑时，他显然放心了许多。然后，他又开始企图把我当成他两边的抱枕，而继续留在静默中。他没有多少动作，让我全神贯注地守候在他身边。过了一阵子之后，他说这个周末他遗失了他的眼镜，而且眼镜被打碎了。然后他眯着眼睛望着门，说它们都是"海浪"；然后看着地板说："它们都是碎碎的，不是很好的东西。"我认为梁对于规律的改变难以容忍，因此无法来赴约，同时也碎裂了他的视力及客体，因此客体剩下来的只是"海浪"和"不是很好的碎片"，而且从这些碎片中无法得知，原先所驱逐和撕裂的是什么东西。

大约在8个月的分析之后，梁比较能够承受跟他精神生活的内容接触。我也越来越清楚地知道他所害怕的改变是早期俄狄浦斯情境的再现；它们就像是互不相干的治疗片段一样。他第一次从板凳上移开，并且首次坐在桌上。他拿出一副牌，我们开始玩游戏。当时他表现出神秘兮兮地，而且很高兴地认为自己已经开始移动了。第二天他一进来就座

第四章 遁形的俄狄浦斯情结

在桌上,并拿出另一副牌。在玩牌时,他说:"这些牌都是别人的,他们的比我的还要好!"他好像在陈述一个被他和我所接受的事实。此后他就不再带牌来了,而且在后续的10个月中,他没有再离开他的小板凳。通过这个痛苦的剧情片段,他让我窥视到他弟弟的诞生为他所带来的创伤,这项创伤仍在他心中。在他的信念里面他认为父母心目中的弟弟比他还好。梁向我显示他已经投降了,而且不再参与竞争,因为有一段很长的时间,他在游戏室里不再做任何尝试,就像他也不在学校或家庭做任何尝试一样。

在两次带牌来的会谈之后,他虽然没有直接问我,却以各种不同的手段企图发现下一次的放假是什么时候。当我告诉他日期时,他回以一个罕见的微笑说:"OK!"且非常快乐地点头。在接近放假时,许多早期的俄狄浦斯感觉都浮上了意识层。

在那一周的最后一次,梁带来一卷小点心,他问我是否也喜欢吃一个;他微微地强调"喜欢"及"一个"。我诠释说,他想知道我是否喜欢他所给我的东西。其实他真正想问的是我是否喜欢他。我继续说他在告诉我,他渴望我只当他的妈妈,而不是他弟弟的妈妈。梁忽然变得很不满,他快速地拉扯着电子手表上的钮,并且很生气地说:"我要把时间弄正确!"我说他觉得我在错误的时机提到了他的弟弟,因为他这时正渴望单独拥有我,因此不满与失望正在将他推来挤去。我将这些感觉和他婴儿期的事做联结:我说那个婴儿的他仍然在他里面,他知道母亲在他4个月大时就怀孕了,母亲在错误的时机将弟弟装进身体里面,因为他自己仍然需要她(指母亲)。梁继续不满地拉扯他的手表,他那甜美的笑容消失了,他冲出去,去了厕所,回来时看起来很空洞,而且有点没精神,但是当他说再见时,他点点头好像在说:"OK!"

周一时他看起来有点苦恼,他不再只是粗略地检查房间是否一样,而是非常好奇地环顾着它。他很热切地谈论那个在房间远处角落的"有抱枕的椅子";这个"有抱枕的椅子"比较有包容力,因为它不是在我对面，而且（坐在上面）我们不是如此接近地彼此观看着，所以他会比较舒服。他很痛苦地说它："有点远。"我还不确定这所谓的"有抱枕的椅子"对他而言指的是什么。但这是第一次梁看到了一个他想获得的空间，却发现他无法得到，至少现在离他太远了，这项领悟扩大了他的视野。

在后来的几次会谈中，他没有去看这张摆放在"远处"的椅子，而是将他的视野局限在他下面的一小块地板。每次在他想开始说话时，就会用手遮住他的嘴巴来停止他说话。他变得很退缩，而且有点消沉。我谈到他里面有一股很强烈的力量，阻止了他说话或移动，而且他对于无法获得他所渴望的东西感到失望。他被这个诠释感动了。

这周的最后一次会谈又有了一些改变。梁进到游戏室时没有看我，即使在我帮他打开前门时，他也没有看我。在游戏室里他完全将我抛到他的视线之外；我诠释说他不想看我，因为在每周的最后一次会谈，我变成了那位会离他而去的分析师。梁好像被电到一样，他的整个身体抖动了一下，他暴力地向我这个方向踢，然后做出一种"随便你"的粗鲁举动。这时他分裂了他的感觉，变得非常冷漠。他冷冷地说："我太期待放假了！"我同意说他当然期待放假，因为现在我变成了一位他所怀恨且干扰他的人，所以他希望可以离我远远的。他回以一个冷酷的微笑说："是的。"我随后指出他那冷酷的满足，他立刻变得很焦虑，跑出去上厕所。当他回来时，他非常仔细地聆听我的口气，为了揣测我的心思。在我下一次看他时，我被吓到了；他无意识地让他的夹克鼓起来，好像一个怀孕的妇人；他的脸部表情改变了，好像他的母亲，他看起来越来越痛苦，而且感受不到任何的爱。我想他已经吞并了，且完全地认同了那位他残酷地称之为"令人恨的干扰"的分析师／母亲。当我说他好像正在感觉与承受一个他那不被爱的怀孕母亲的痛苦时，梁的表情变得很难过。就在那一瞬间，好像是一种真正的哀悼，然后，他变得生气和焦虑起来。这时房间突然传来一些声音，他突然脱口而出："MAN！"他说，"man（男人）"指的是当母亲怀了弟弟时，他突然意识到他父亲的存在。

会谈结束时，他再次以惯有的方式尝试努力将我拉近他身边，但同时又重复以威胁的方式轻打三下，表示这边总是存在着一个令他怀恨又会威胁他的巨大阻碍。在他离开时，他戳了戳墙，好像要感受一下它的强度，就像感受那位将他与母隔开的婴儿的阻力。

这部戏的结局在周一。梁这次看起来很不同，我第一次感觉他像是一位接近青少年期的小男生。他穿着一条非常笔挺的长裤，就像一般12岁小男生的样子。开始时他非常愿意沟通，也比平常更主动，可是当治疗继续下去时，他的冲突渐渐升高，他的脚再次伸出来又缩回到板凳底下，不知道是要继续伸还是要退缩。

最后一周的治疗，他再次成为那个夹在两个抱枕之间，从高处往下俯视的小男生。我们几乎无法进行治疗，而且未出现任何有意义的因素，不管是在两人关系中，还是在三人关系中。即将来临的假期被理想化了，他说他很高兴可以离开这里一阵子，因为这真是一个"空虚""无聊"的地方。

他的俄狄浦斯情结模式跟别人不一样，他的性渴望对象不是母亲，其性竞争主要对手也不是父亲。在治疗时段，梁没有以父母配偶关系开场，而是以具有威胁性的三角关系开场：怀着新婴儿的母亲与父亲。这里没有竞争，就像他在跟我玩牌时所显示出来的，他只是一个投降者。梁没有和他弟弟或父亲竞争，他退缩了。俄狄浦斯情境的出现是如此无法容忍，以致他排除了他自己和他父母的性。在分析初期，他的内在"性客体"被驱逐到"门"和"地板"上，这使他看起来一点都没有性欲。在地板上只有混淆的阴道和嘴巴。这些有时破碎成小点，将他吸进去或者让他觉得头昏眼花，他认为"这不是很好"。在门上的一个被简化成一个图案的父亲"处男阴茎"，它令人产生侵略性的警觉。梁要的就是这个，他的主要认同也是他的父亲。

在俄狄浦斯情结最早期的阶段，婴儿幻想他母亲涵容了父亲的阴茎或是整个父亲，或是幻想父亲和母亲乳房跟阴道的结合。对婴儿而言，这对父母将留在永远满足的结合中。母亲的怀孕强化了梁的挫折和被排除的感觉。在他的幻想中，婴儿在母亲里面享受着他幻想得到的一切。

此外，梁的另一个议题是分离，他在4个月大时，母亲就怀孕了，这对梁的发展而言是一个错误的时机，因为他那时仍然需要跟母亲建立独一无二的关系来作为梁投射的涵容者——尤其是他生命的开始已经很灾难了。他那时仍处在偏执分裂位置，靠近抑郁位置的边缘；与"部分客体"的关系跟正在建立中的与完整客体的关系重叠。对于分析师"离去"的知觉，对他而言像是触电了一般，他觉得被驱逐在外，因此立刻对他那怀孕的母亲做出两次尖锐的"随便你"的攻击。他所渴望的跟他母亲之间一对一的关系已经消失了，因此他的"恨"也变成残酷的。由于怀孕的缘故，梁不再爱他的母亲。当母亲处在痛苦中时，梁感受到无法承受的悲痛，这使他非常不满和焦虑。他无法处理"自我"，这"自我"被一连串无法控制的情绪扯来扯去。他开始接受分析之后，在第一次取消约会时，他甚至必须打碎自己的眼镜，并离得远远的。现在他的自我比较强壮了，他得以允许自己俄狄浦斯情结中的一些方面呈现出来，也可以看见其母亲、小婴儿和父亲如何影响了他自己的认同。他曾经通过"投射—认同"父母中的一个，以父母的眼光看世界——没有性的世界，现在他第一次呈现出来像一个标准小男生的样子，虽然这样子并未持续太久。他很快再次掉入是否往前或退缩的冲突之中。当假期临近时，他驱散了他的俄狄浦斯经验。这种现象是以遁形的方式呈现，因为他再次以全能幻想将自己塞进客体里面以及在客体之间，并住在这些客体（他的抱枕）里面。

梁的抱枕是去性化（de-sexualized）的父母亲，他可以让它们分离，亦可以让它们环绕在自己身边，也可以是遗留下来的安慰物。其他令人害怕的因素，全被排放到地板上以及门上。由于这些被排放的客体是如此小心地被撕裂，或被剥蚀到仅剩下一些形状，以致性分裂的本质无法被清楚观察到。在其他像梁一样的案例中，当俄狄浦斯情结的早期阶段固着在某一定点时，是比较容易被观察到的。克莱茵如此写道："这个结合的父母人物是俄狄浦斯早期阶段中的幻想形式之一，它若被持续下来，则对于客体关系以及性发展都是有伤害的"（Klein，1952，p.55）。

我认为这个俄狄浦斯结构最重要的方面是，投射性认同主要被用来分散和攻击有性关系的父母亲，并且"撕裂"他们的联结。由于这种情绪发生是在生命的早期，被撕裂的客体被无法回收的投射扭曲了，因为客体的撕裂与持续的投射，异性恋客体的创生能力也被摧毁了，病人取而代之拥有的是病态的性客体——这些客体是被扭曲的、不完整的和破碎的。父亲常常不被视为父亲或丈夫，而是一个具有施虐阳具的男人；母亲则是一个脆弱的、张开被施虐的女人；两者皆被认为可能成为同性恋同盟，一起反对另一种性别。这些幻想是如此自大全能，以致病人相信他已经成功地将性别跟意志分离，例如：做有关女人的梦，而这些梦常常是女人和女人（或者女人和女孩），若是男人，则是男人和其他男人或男孩。

例如，我的一个病患在梦中将那位带他走出等候室的分析师看作一个过度敏感的女人，太渴望同情他且对他太好。有次他在躺椅上时，觉得我改变了。我变成一位高大、冷淡、谦虚的男人，而他也立刻将自己投射在这个人物上，并且完全和其相似。

一位我曾经分析了多年的病患，他的一个梦中出现这种破碎的影像，下面是他描述的一个梦。

> 他在国外有两幢独立的房子，它们各有一座网球场，其中一幢房子虽然外面并没有标志，但是他知道里面正有一个女人穿着紧身衣和裤袜，且渴望着性关系。这幢房子的网球场的表

层已经有了裂痕，而另一幢房子的网球场表面则完好无缺。网球场上有两位男人，面对面正在进行一场竞争非常激烈的网球赛，可是他们中间根本没有网子。

这位病患已经分裂了早期俄狄浦斯配偶（early Oedipal couple），并且分别与配偶之一建立关系。这个梦描绘了他的性生活与他的客体关系是如何严重地被影响了。对他而言，母亲是一位已经碎掉的、会诱惑他的女人，想要和他有性关系。在分析中有一半的时间，他对我的移情被这样的知觉所主导，且持续了很久。在分析开始时，他自己经常很容易兴奋起来，觉得自己完全认同了一个疯狂的乱性女人，而跟乱性的女人有混淆性关系正是他的主要问题之一。这位病患在青少年时觉得自己装在一个具有乳房的女人身体里，这种跨性的感觉几乎到了谵妄的地步，以致他无法在学校更衣室里换服装，或是在游泳池时，他必须盖住他的胸部。因此，在梦中，房子里面诱惑他的女人，也是在母亲里面的自己。另外，男人和男人之间面对面地在玩一个需彼此面对面互看以及竞争的游戏，同时又无法知道彼此的得分，这显示另一部分的移情主题。这项主题与他的生活和职业生涯有关。表面上看起来风平浪静，但私底下却与我激烈地竞争，并充满嫉羡（就像他和他的同事之间一样）。他也认为我会想和他竞争，且抢着要赢过对方。通常在这种情况下，分析师会被变成一位观望者，而病人则会一再地跟不适合的对象发生性关系，并掉入很痛苦的三角关系之中；在这种关系中占有一席之地，表示排除一方，同时跟有敌意的另一方成为配偶。

梁破坏联合父母的方式与另一位病患的方式类似。这位病患将在等候室的我与诊疗室中的我分裂了。在后来的分析中，我们得以看见，作为母亲，我被从父亲身边拉开，必须借由发问接近他，且诱哄他。这种状况不仅是在他需要我或感到焦虑的时候出现，而且也在他对我有敌意，并选择远离我的时候显现。这时他会觉得我不再是一位母亲，而是一位太软弱而无法对抗他敌意的小女孩，只会以一种卑微和乞求的方式缓冲（cushion）*他的敌意，最后变成以可怕的受虐方式吸入他。"抱枕"（cushion）从另一角度看，是父亲的漫画像，愚蠢地理想化了现实和日常生活面，对于婚姻及其意义则表现出无情的冷淡，一心只想和梁更亲近，并成为配对。

由于早期发展的缺陷，早期俄狄浦斯情境中有两个方面，驱使病人把俄狄浦斯中的联合父母破坏，并将之排除在自己的视野之外。第一个方面是关于"原初情景（primal scene）"的刺激，例如：梁觉得他被这些感觉袭击，且被推来推去，这些感觉超越了其自我所能忍受的范围。第二个方面来自"原初情景"排挤了病患本身的这个事实。在这个早期阶段，尤其是当病人过度使用投射—认同来补偿被干扰的客体关系时，被排挤的感觉都会被经验成从客体身上被排放掉。病人不只是觉得不可理喻地被刺激，而且觉得被孤单地丢在外面。我尝试通过 A 先生的简短素材，来描绘这两个方面。

A 先生是一位很有才华又敏感的男人，已婚且已经当爸爸。在他生命的早期，有一些同性恋的关系，一直到现在当身处压力时，还是会有强烈的同性恋倾向。他来寻求分析的原因之一是因为过度忌妒太太而深深被折磨。他认为太太在性方面背叛了他，可无法确定这是真实的，还是他只是用幻想在折磨自己。当他看到太太打电话或准备外出，会想象太太正在计划着要和别人发生性关系。

虽然在 A 先生的分析中有许多要素，但是我必须暂时搁下它们，仅将重点放在与本章有关的素材上。在许多方面，A 先生和梁很像，多愁善感，而且有非常强烈的死亡驱力。在心灵的最深处，他确信自己基本上被一位既自恋又忙着外务的母亲所拒绝。A 先生缺乏一个安全的内在好客体，而且以投射—认同和全能的控制作为跟其客体互动的主要

---

* 原文"cushion"的名词意思是"垫子、靠垫"，动词意思是"缓和……冲击"，此处是动词，在下一句是名词。——译者注

方式。对梁而言，母亲的过早怀孕对梁在俄狄浦斯情结的建立上没有帮助。对 A 先生而言，在俄狄浦斯情结的建立上没有获得帮助，则是跟他的弟妹有关。家庭中不利的外在环境，是导致其性困扰的原因之一。父母似乎都有一些同性恋倾向。从 13 岁开始，他哥哥和我的病人即有一些性关系。那些被贬低的性人物，常常是 A 先生的投射，也是在他伤害俄狄浦斯配对之后的结果。不幸的是，他们（即那些被贬低的性人物）在某方面跟他真正父母亲的行为一致（晚期也跟其他的真实客体一致）。这常使 A 先生感到混淆，并失去现实感。他常常担心没有客体会帮助他寻回自己的现实感。

不像梁的情况，A 先生的心灵世界是非常活泼的，而且在分析中，常常会有亢奋的性欲。他常常要求立即的"插入"与"占有"来移走他的混淆和焦虑；他也常常需要感到在客体里面，而不要被孤立或丢在外面；立刻被认识，并形成一对兴奋的配偶关系，对 A 先生而言是非常重要的。这些现象与认同都是隐藏在同性恋后面的驱动力量。在分析开始时，它剥除了分析师和病人之间的移情意义：他和我之间的个人意义。我成为他理想化的"新"客体，必须满足他之前没有得到的，而且必须用他可以容忍的方式给予他，毫无排挤或等候；不可以刺激他的焦虑或罪疚感、嫉羡或忌妒，或者伤害他的自恋。大部分时候，他被其同性恋需求所刺激而感到兴奋。在幻想中，他身处在一个高高在上的阳具里面，从高处鸟瞰我，并且控制我，我成为一个必须钦佩他并服务他的小男生，若我稍微干扰这一幻想，他就会还以冰冷与残酷的脸色。有时他会处在投射—认同情境中，成为一位女性化、温柔又堕落的人物；他的性别永远都是分裂的。有一段很长的时间，这种兴奋的同性恋移情与四处猎爱的罪疚感联系在一起，和他的俄狄浦斯情境没有联结。因此俄狄浦斯人物无法出现在视线中，无论是分析中还是分析外，A 先生内在的小孩也从未出现过。

当他的兴奋感减弱时，则越来越能注意到周遭的环境。他开始会注意房间里的"记号（signs）"或是我的衣服、我的言语；他会提到与亲密关系、宴会和性有关的主题，虽然他无法指出谁邀请他或排除他。其"俄狄浦斯妄想（Oedipal delusion）"的混淆，以及对于我的性倾向的怀疑，皆隐藏在他的素材中。他无法确定我是否曾经或仍然对他感到兴奋，也不知道我是否与他过度地卷入，就像他对我一样。这段时期的分析是非常痛苦的，因为 A 先生正因那深入的俄狄浦斯疑惑和混淆的出现而感到困扰。当他的"偏执妄想"渐渐减弱时，才得以让我接触他对于自己和客体的一些羞耻、失望、焦虑和抑郁的感觉。

当有关性的妄想在移情中消失时，他开始很痛苦地感觉自己暴露在一个俄狄浦斯配对中。此配对非但无法完成他的幻想，还排除他。这时他的生命中，又同时遭遇了许多困难，A 先生在这时也比平常更容易被"记号或符号"所干扰，就像之前我描述的会谈时段。当天我比平常穿得更正式，他也注意到这一点了。

当天，当我到等候室带他时，就在他看到我的那一刹那，立即表现出焦虑，整个脸色变得非常黯淡。在躺椅上他持续静默了好一段时间，然后他说他做了一个梦，之后，就快速说完这个梦，好像他迫不及待地，且很兴奋地告诉我这个梦。梦中他在法国的一家餐厅，他叫了一道叫作"小牛头（tête de veau）"的餐点，当服务生端上这道菜来时，他发现盘子里的菜没有眼睛，有黑色的眼窝、空洞的嘴巴、黑色的东西、草菇及竖起来的脖子……他继续诉说着，之后，他停下来等了一会儿。我想他在等我诠释一些有关被砍下来的头和看不见的眼睛之类的东西，但是我认为这些他所谓的梦，更准确地说，是他逃到精神病态幻想中，或是他将内在的混乱与干扰投射到我身上的结果。A 先生继续说："然后还有一些线，它是否叫作'细绳子（fiselle）'？"这就是我叫的菜，或是它叫作"脑浆（cervelle）？……"他再次停顿。

之后，他谈到了关于尿壶的波纹褶，以及溢出来的蛋糕等等。当他停止说话时，我诠释说为了逃避因为看到我穿的衣服而产生的混乱与干扰，他进入他的梦境里面，并希望我也在那里加入他的阵营，他回答道："我闭起了我的眼睛，我正在想'分析（analysis）''伊希斯（Isis）*'。套装？什么套装？喔！你指的是你的套装……"A 先生继续嘲弄我，并假装他听不懂我在说什么。我说当他见到我，尤其是现在当他听到我跟他讲话时，他觉得被控制，被我强迫注意到我的套装并且讨论它，除此之外，还因为这套衣服而被干扰，并且觉得混乱起来。这些让他觉得如此被冒犯，乃至他必须以嘲笑和炫耀的态度做回应。

之后，A 先生继续以较缓慢的速度述说一个法文的"梦"或主题，其内容较有变化，可是兴奋减少了。在述说结束时他用尖酸刻薄的声音说："普鲁斯特笔下的夏吕斯男爵从事了一些粗糙的交易！但是他只见到他的父母亲'在做它（doing it）'"。我说他正在描述他在会谈中的经验，粗糙的交易指的是他希望我能加入他同性恋幻想的世界，但是他渐渐发现我在做我的工作，换言之，父母亲"在做它"，这一状况除了让他咬牙切齿之外，也让他很想冷嘲热讽一番。在一段很长的静默之后，A 先生说："但是为什么呢？"他停顿了一会儿，之后再说："我们并没有在一起啊！我单独一个人！"之后他开始哭泣地说："会这样觉得，真是荒谬。"

梅兰妮·克莱茵曾如此写道："有时分析师会同时扮演父母的角色，在这种情况之下，分析师所扮演的常常是对抗病人的敌意联结，这时的负向移情会达到最高峰。"（Klein，1952，pp.54-55）我的衣服对他而言，是一对具有敌意的原始配偶的"记号（sign）"。它是如此激烈地干扰着A 先生，以致他必须掉入那种非常防御与摧毁的幻想之中。在会谈的早期，A 先生会持续在许多会谈时段中陷入同性恋的幻想；他会变得越来越冷淡，觉得被迫害，并以受虐式的抑郁情绪结束约谈。在这次会谈时段中，他和我得以攻破这道用来对抗俄狄浦斯干扰和刺激的强大防御系统，并且恢复跟我的联结以及跟他自己的联结。他终于意识到，是

---

* 伊希斯：古埃及司繁殖的女神，被描绘成头有牛角的女人。——译者注

第四章　遁形的俄狄浦斯情结

他的父母"在做它",以及他对于他们之间的性交的敌意和一些被背叛的不好的感觉。在这个男人身上的小男生,突然躺在沙发上,觉得很孤单、被排挤,因此他哭了。

在做结论之前,我要简短地谈论一些有关技巧的问题。A先生压迫分析师加入他那原始粗糙的同性恋交易,就像梁压迫分析师要成为一个既不会改变,又没有意义的抱枕一样。跟病人一起"行动化"的压力,部分以分析师被迫做出某些诠释呈现,诠释内容包括接受粗糙的交易、无法带动改变以及没有意义等。为了使那些早期俄狄浦斯情境,由他的视线排除,病人邀请分析师忽略病人一直在运作以及正在治疗中运作的一些心智工作,而这些情境正是他不遗余力想加以控制并除掉的。

我将用梁的素材举例来说明:当他带来糖果并且问我是否要一个时,若我当时仅诠释说他渴望是我唯一的病人,就没有考虑到当时所有的情境。换言之,他尝试不要让我看见,并且诱惑我阉割周末放假这个事实,指的是我作为母亲,将他关在外面,因为我生了另外一个小孩。诠释他渴望一个妈妈,而且这个妈妈不是他弟弟的妈妈,这种完整的诠释使他能够表达那分裂的愤怒:母亲在错误的时机,强迫给予他一个弟弟。A先生所面临的,则是另一项问题。A先生给我的压力不同于梁(梁的压力是要我慢慢诠释或不要诠释)。A先生逼迫我太快做诠释或者太快诠释梦的内容。倘若我如此做,他会觉得他已经撕碎了那对联合起来的父母亲,并在"粗糙的交易"中将我吞并到他的同性恋情境里。由于我没有被他的压力所主导,他觉得他的父母有一个坚定的立场,而且"在做它",表示我有在我的工作岗位上,了解俄狄浦斯联结所造成的情绪干扰与混乱。

当然,分析师都应在每一个治疗时段中,尝试以开放的心智重新感知病人述说中最紧要和最具潜在动力的素材。例如,在其他治疗时段中,探索梁对于一对一关系的原始需求,以及A先生改变幻想的意义等细节,这些可能是两位病患情绪动力之所在。

总　　结

　　梁和 A 先生以及其他这类病患，都与俄狄浦斯情绪未成为正常发展动力的一部分有关，换言之，他们都没有显著的性欲望、竞争和忌妒。由于早期持续的缺陷，使他们继续使用防御机制，若必须被迫意识到俄狄浦斯配对的存在，这对他们而言是无法被容忍的，因此他们采用更多的防御，来对它们视而不见，或淹没其存在的痕迹。因此我不同意科胡特学派（Kohutian）的观点，因为他们只谈缺陷，而不谈俄狄浦斯情结。

　　由于已经习惯以投射—认同进到客体里面，来面对他们跟原始客体之间被干扰的关系，因此意识到"配对人物"的存在，使他感到被从客体里面的"家"排除到外面。此外，这对结合起来的父母亲（对这两个案例而言是一种残忍的结构），命令他们观察做爱的过程，并威胁他们侵入或挤进父母永远的性交中，这激起了他们的嫉羡，也使他们的焦虑和抑郁大大增强了。由于病人少了一个可以帮助他们包容和修饰的内化人物，这种几乎令他们无法招架的心智状态，让他觉得孤零零地扛着一个无法被容忍的心灵重担，以及处在具有威胁的混乱中。为了减轻他的心灵重担，并能重新进入他的客体内，病人在幻想中将自己塞入结合起来的配对人物中，将配偶分开，而且将自己投射进入配偶中的其中一个。但是这种排外的关系，与更早期的前俄狄浦斯非常不同。他的客体已经被那无法回收的投射所扭曲，现在则成为那个防御的、攻击的，并将性联结扯碎的人物，因此病人认为自己不在俄狄浦斯人物的世界里，反而是在那被贬抑和伤害的性客体里面。这种在俄狄浦斯情结早期阶段分裂客体的方式及其结果是如此独特，以致我认为应该赋予它一个特殊的名字："撕裂客体（fracturing object）"。梁那种对性的无动于衷与 A 先生的同性恋，有时都有几近妄想的混淆，这是这种独特俄狄浦斯结构中许多形式中的两种，病态的三角关系也是这种结构的特质之一。

最后，由于他们缺乏内在的好客体，这两位病患几乎无法承受被冷落或被排挤，他们必须和另一位客体并存于投射—认同的状态中。在梁的分析中，排挤的动力甚至尚未出现；在 A 先生的分析中，当他知觉到父母的配偶关系，并感觉到孤单时，还是觉得相当困扰。对他们而言，俄狄浦斯的故事由"被赶出门"开始，终究这也是原来希腊神话故事的开端：雷厄斯赶走了俄狄浦斯。

参 考 文 献

Klein, M. (1928). Early stages of the Oedipus conflict. *Int. J. Psycho-Anal.*, 9, 167-180. [Reprinted in *The Writings of Melanie Klein, 1* (pp.186-198). London: Hogarth Press, 1975.]

―― (1932). *The Psychoanalysis of Children.* [Reprinted in *The Writings of Melanie Klein, 2*. London: Hogarth Press, 1975.]

―― (1952). The origins of transference. *Int. J. Psycho-Anal.*, 33, 433-438. [Reprinted in *The Writings of Melanie Klein, 3* (pp.48-56). London: Hogarth Press, 1975.]

Kohut H. (1971). *The Analysis of the Self.* New York: Interna-tional Universities Press.

专业术语表

acting in　诊疗室内的行动化

acting out　诊疗室外的行动化

aggression　攻击

alpha elements　阿尔法元素

ambivalence　两极情感

anal sadistic impulse　肛门施虐冲动

anal phantasy　肛门幻想

beta elements　贝塔元素

breast mother　乳房母亲

castration anxiety　阉割焦虑

castrating father　阉割者父亲

castration threat　阉割威胁

combined parents　联合起来的父母亲

complex reversals　情结倒转

contained　被涵容

container　涵容者

countertransference　反移情

death instinct　死本能

defences　防御

defensive organization　防御组织

depression　抑郁

depressive anxiety　抑郁性焦虑

depressive position　抑郁位置

ego　自我

envious attack　嫉羡攻击

envy　嫉羡

epistemophilic drives　求知驱力

erotic-transference　性欲移情

female sexuality　女性的性特质

feminine attitude　女性态度

fracturing of parental couple　撕裂父母配偶关系

genital desires　性器欲望

genital mother　性器母亲

genital organization　性器组织

genital phase　性器期

greed　贪婪

guilt　罪疚感

homosexuality　同性恋

hypochondriacal anxiety　疑病焦虑

hypochondriacal fear　疑病恐惧

hypomania　轻躁狂

Id　本我

idealization　理想化

the infantile genital organization　婴儿期的性器组织

infantile genital organization of the libido　原欲的婴儿性器组织

inner object　内在客体

inner world　内在世界

instinct　本能

instinctual life　本能生命

internal danger situations　内在危险情境

internal model　内在模式

internal object　内在客体

internal process　内在历程

internal world　内在世界

internalized father　内化父亲

internalized mother　内化母亲

introjection　内摄

inverted Oedipus complex　反向俄狄浦斯情结

inverted Oedipus situation　反向俄狄浦斯情境

jealous attack　忌妒攻击

jealousy　忌妒

libidinal development　原欲发展

libidinal organization　原欲组织

libidinal positions　原欲位置

libidinal satisfaction　原欲满足

object choice　客体选择

Oedipal configuration　俄狄浦斯组态

Oedipal couple　俄狄浦斯配偶

Oedipal delusions　俄狄浦斯妄想

Oedipal illusion　俄狄浦斯错觉

Oedipal pair　俄狄浦斯配对

Oedipal situation　俄狄浦斯情境

Oedipal triangle　俄狄浦斯三角

Oedipus complex　俄狄浦斯情结

omnipotent phantasy　全能幻想

oral sadistic impulse　口腔施虐冲动

oral phantasy　口腔幻想

oral sadistic　口腔施虐的

paranoid anxiety　偏执焦虑

paranoid-schizoid position　偏执分裂位置

parental intercourse　父母性交

part-objects　部分客体

penis envy　阴茎钦羡

persecution　被害感

persecutory anxiety　被害焦虑

phallic phase　阳具阶段

phallus　阳具

phantasy　幻想（前意识幻想）

phobia　恐惧

positive Oedipus complex　正向俄狄浦斯情结

pre-Oedipal attachment　前俄狄浦斯依附

primal scene　原初情景

primal pair　原初配对

projection　投射

projective-identification　投射－认同

psychic reality　心理现实（精神现实）

psychosis　精神病

reality　现实

regression　退化

reparation　修复

re-projection　反投射

reparation　修复

representatives　表征

sadistic desires　施虐欲望

sadistic impulses　施虐冲动

sadistic phantasies　施虐幻想

split mechanism　分裂机制

splitting　分裂

super ego　超我

symbolic equation　象征对等

symbolization　象征力

therapeutic situation　治疗情境

thinking　思考（思绪）

third position　第三个位置

transference　移情

transference situation　移情情境

triangular space　三角空间

urethral sadistic impulse　尿道施虐冲动

urethral phantasy　尿道幻想

violent phantasy　暴力幻想

weaning　断奶

whole object　完整客体